SOPA DE LIBROS

Título original: *Girls to the rescue*

Juan Ignacio Luca de Tena, 15. 28027 Madrid
www.anayainfantilyjuvenil.com
e-mail: anayainfantilyjuvenil@anaya.es

1.ª edición, febrero 1999
11.ª impr., octubre 2008

Diseño: Manuel Estrada

ISBN: 978-84-207-9074-9
Depósito legal: M. 46238/2008
Impreso en ANZOS, S.L.
La Zarzuela, 6
Polígono Industrial Cordel de la Carrera
Fuenlabrada (Madrid)
Impreso en España - Printed in Spain

Las normas ortográficas seguidas en este libro son las establecidas por la Real Academia Española en su última edición de la *Ortografía*, del año 1999.

Chicas al rescate / editado por Bruce Lansky ; ilustraciones de Federico Delicado ; traducción de Miguel Hernández.
— Madrid : Anaya, 1999
160 p. : il. n. ; 20 cm. — (Sopa de Libros ; 32)
ISBN 978-84-207-9074-9
1. Astucia. 2. Mujeres. 3. Personajes literarios. I. Lansky, Bruce, ed. II. Delicado, Federico, il. III. Hernández, Miguel, trad. IV. TÍTULO. V. SERIE
820(73)-34

Chicas al rescate

SOPA DE LIBROS

Bruce Lansky

Chicas al rescate

Ilustraciones
de Federico Delicado

ANAYA

Traducción de Miguel Hernández Sola

Introducción

Si sientes curiosidad en saber por qué decidí recopilar y escribir historias sobre chicas listas y valientes, puedo darte cinco buenas razones: *Cenicienta, Blancanieves, La Bella Durmiente, Rapónchigo* y *La princesa y el guisante.*

Estos cuentos fueron escritos hace ciento cincuenta o doscientos años, antes de que la mayoría de los príncipes se uniese a las filas de los desempleados y antes de que las mujeres trabajasen en oficios tales como la ingeniería aeroespacial, la cirugía cerebral o como video-jockey en una cadena de televisión.

Existen algunas personas que simplemente no entienden que la idea fundamental de estos relatos es tan antigua como el coche de caballos. Pensad en ello:

• A Cenicienta no se le ocurre cómo ir al baile sin la ayuda mágica de su hada madrina.

Y no puede volver a su casa sin perder uno de los zapatos. Un apuesto príncipe le devuelve el zapato y se casa con ella. Viven felices desde entonces.

• Blancanieves cae en las sucias y estúpidas artimañas de su madrastra. Come una manzana envenenada y entra en coma. Luego, el príncipe la despierta con un beso y sale cabalgando con ella en la grupa de su caballo. Se casan y viven felices desde entonces.

• La Bella Durmiente no hace más que dormir durante cien años. Entonces, un apuesto príncipe que debía de haber leído *Blancanieves,* la despierta con un beso y se casa con ella. Viven felices desde entonces.

• Rapónchigo vive en una torre donde no hace otra cosa que deprimirse y dejarse crecer el pelo. Un apuesto príncipe escala la torre y la rescata. Se casan y viven felices desde entonces.

• Una princesa quisquillosa se queja de que no puede pegar ojo en una cama con veinte colchones porque la cama no es nada cómoda. Le habían puesto un guisante debajo de los colchones para comprobar que era una verdadera princesa. Un apuesto príncipe se declara a la princesa gruñona inmediatamente. Se casan y viven felices desde entonces.

Está claro que en la vida hay cosas más importantes que esperar a un apuesto príncipe; está claro que cantar en la ducha *Algún día llegará mi príncipe* es un gran gasto de agua y que no se es siempre «feliz desde entonces».

Imagino que pensaréis que estos cuentos de hadas están muy vistos. Seguramente estáis esperando algo nuevo. Los relatos que he recopilado en *Chicas al rescate* son muy distintos de los cuentos de hadas tradicionales en muchos aspectos.

Primero: las heroínas de estos relatos son chicas y mujeres jóvenes, no son princesas ni hadas madrinas.

Segundo: las heroínas triunfan porque son listas, valientes y amables. Ellas no confían en su belleza. No confían en la magia. No recurren a la violencia.

Tercero: la mayoría de los relatos nos hablan de ayudar a los familiares, a los amigos y a la gente, no sobre cómo conseguir casarse. Los dos relatos que tratan del matrimonio no lo consideran un fin en sí mismo. En su lugar, su tema principal es el amor y el respeto dentro del matrimonio.

Cuarto: en muchos de los relatos se plantean versiones sorprendentes sobre los temas tradicionales. Han sido escritos por diferen-

tes autores, por lo cual el estilo varía. Unos son humorísticos, otros son de aventuras, algunos son románticos y varios tratan de la nobleza.

Quinto: los relatos están situados en diferentes países del mundo. Encontraréis personajes de México, Irlanda, Rusia, Japón, China, Persia y de la frontera americana, así como de Inglaterra y Alemania.

Confío en que los disfrutéis tanto que queráis compartirlos. También espero que vosotros, como las heroínas de este libro, ayudéis a vuestra familia, a vuestros amigos y a vuestra gente.

Bruce LANSKY

El ayudante del hada madrina

Una historia original de Bruce Lansky

Cuando necesitas ayuda, ¿no desearías que un hada madrina apareciera de repente para hacer que todo fuera bien? Bueno, no contengas la respiración. Ella ya no hace ese tipo de cosas. (Ya sabes, en estos años ha prosperado). De modo que, si quieres alguna ayuda (todavía arregla algunas cosas: desde ventanas rotas a corazones rotos), tendrás que visitarla en su pequeña casa de campo en los bosques de Baviera y esperar tu turno, exactamente igual que todos los demás. Y cuando llames a la puerta, te dejaré pasar y haré que te sientas cómodo. Incluso te serviré un gran vaso de granizado de limón.

Ya ves, soy el ayudante del hada madrina.

En realidad, mi trabajo solía ser bastante sencillo hasta que el hada madrina anunció que se tomaría unas bien merecidas vacaciones. ¡Estaba muerto de miedo! ¿Qué le iba a decir a la gente que viniese en busca de ayuda? Yo no sabía nada de magia. No podría convertir una calabaza en un reluciente carruaje aunque mi vida dependiera de ello.

—No te preocupes —me dijo el hada madrina—. Eres muy sensible. Estoy segura de que encontrarás la forma de solucionar cualquier cosa que surja. Y, además, yo volveré en unos pocos días.

Para ser sincero, aquella noche no conseguí dormir mucho. Me la pasé pensando en cómo iba a sustituir al hada.

A la mañana siguiente me levanté temprano y fui a la cocina a hacer una jarra de limonada. Cuando oí que llamaban a la puerta, abrí y encontré a una joven con los ojos llenos de lágrimas y un vestido viejo hecho jirones. Le expliqué que el hada madrina se había ido unos días y que yo era su ayudante. Estaba tan triste que la invité a entrar y a que tomara un vaso de limonada para que se animara.

En cuanto se sentó empezó a llorar. Me senté junto a ella y le di un pañuelo para que se secara los ojos.

—Primero, enjuga tus lágrimas y luego dime qué te preocupa —le dije intentando tranquilizarla.

La joven respiró profundamente unas cuantas veces antes de hablar.

—Me llamo Eva, pero mi madrastra y mis hermanastras me llaman Cenicienta porque mi delantal siempre está lleno de ceniza de limpiar la chimenea. Son malas conmigo y me hacen arreglar la casa, cocinar, coser y hacer recados todo el día mientras ellas se divierten. Ahora tengo que hacerles sus vestidos nuevos para la gala real. Y yo también quiero ir —y se echó a llorar de nuevo.

Podía adivinar por dónde iban las cosas.

—Siento mucho oír eso —respondí—. Supongo que venías a pedir al hada madrina que te consiguiese cómo ir al baile. ¿No es así?

Eva asintió.

—Desearía poder ayudarte, pero la limonada que hago no es mágica.

Volvió a llorar.

—¿No puedes hacer nada?

—Yo no puedo hacer nada. En realidad lo tienes que hacer tú.

Volvió a secarse los ojos con el pañuelo y me miró fijamente con asombro.

—¿Yo? —preguntó.

—Sí, es muy sencillo —dije—. Si quieres ir al baile, ve y no permitas que nada ni nadie te detenga.

—Pero ¿cómo puedo ir al baile sin un traje de noche?

—A mí no me mires —respondí—. Tú eres la costurera. Si puedes hacer vestidos para tus dos hermanastras, ¿por qué no haces otro para ti misma?

Eva sopesó esto durante un rato y luego sacudió la cabeza.

—No puedo permitirme el lujo de comprar seda o terciopelo. ¿Cómo puedo hacer un vestido sin tela?

—¿Hay alguna cortina de terciopelo en tu casa? ¿O sábanas de seda?

Su mirada de preocupación se transformó en una sonrisa.

—Claro que las hay —exclamó. Pero su sonrisa fue efímera.

Otra pregunta se encendió en su mente.

—Pero ¿qué pasa con los zapatos de baile? No tengo ninguno.

—Entonces no te los pongas —le aconsejé.

Eva no podía dar crédito a sus oídos.

—¿Quieres decir que vaya descalza al baile real?

—¿Qué otra opción tienes, a menos que quieras ponerte esas horribles botas que llevas?

—¿Y cómo se supone que llego al baile? —preguntó. ¡Realmente, esta joven no sabía más que inventarse problemas!—. El palacio real está a casi una milla de mi casa.

Yo sabía que Eva necesitaba una respuesta.

—Supongo que simplemente tendrás que dar un paseo.

Frunció el ceño con fuerza. Ésta no era la clase de ayuda que cabría esperar de su hada madrina.

—Jamás me dejarán entrar si no llego en un elegante carruaje tirado por caballos —gimoteó.

—Tienes razón —concedí—. No te permitirán atravesar la puerta principal, pero no creo que haya nadie vigilando la puerta de la cocina.

—Supongo que no —dijo con indecisión—. Al menos, eso espero.

Eva parecía incómoda con mis respuestas. Antes no había hecho nada tan osado. No me sorprendí cuando escuché otro «pero».

—Pero si un príncipe me pide que baile con él, ¿qué le digo?

—Pídele que tenga cuidado de no pisarte los dedos de los pies —bromeé.

Eva se rió tan fuerte que tuvo que utilizar de nuevo el pañuelo. Al observar que estaba a punto de decidirse por ir al baile, le di un empujón más.

—¿Tienes algo que perder?

—¡Nada! —exclamó Eva con una sonrisa de oreja a oreja—. ¡Nada en absoluto!

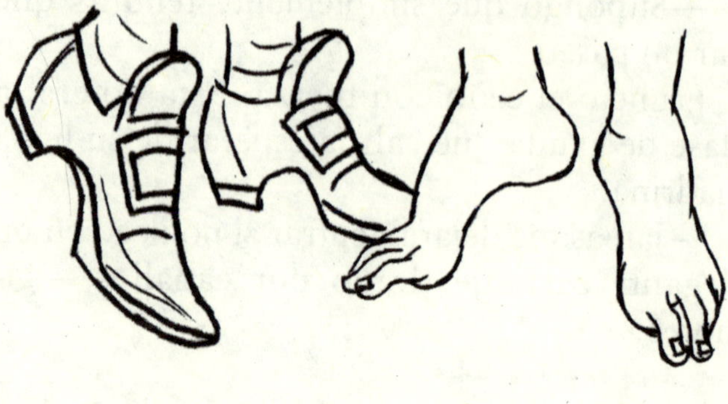

Se puso de pie y me estrechó la mano.

—Gracias por tu ayuda. Ahora debo irme. Tengo muchas cosas que hacer.

Antes de que se marchara, le ofrecí un último consejo.

—Si no quieres que tu madrastra y tus hermanastras sepan que has estado en el baile, asegúrate de salir a las doce en punto. De ese modo estarás en la cama cuando ellas vuelvan a casa.

Me sentí bastante satisfecho conmigo mismo por haber ayudado a Cenicienta. Me quedé pensativo un momento con un vaso de limonada en las manos planteándome si el hada madrina con toda su magia habría hecho un trabajo mejor. Pasé buena parte del día felicitándome a mí mismo y sintiéndome orgulloso de haber superado mi primer problema sin fracasar.

Después de comer, me sorprendió una llamada a la puerta. Cuando abrí descubrí a un

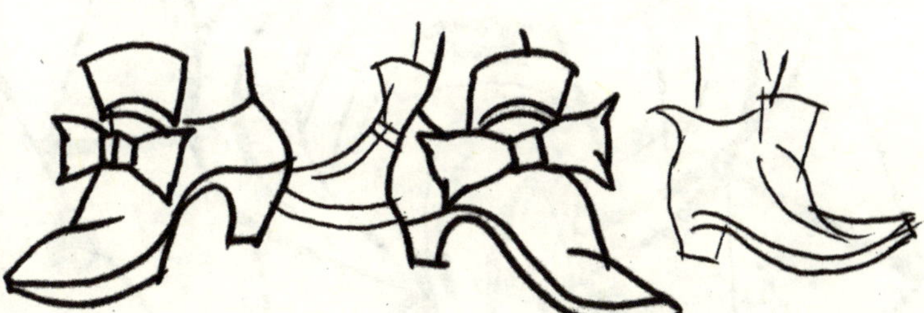

caballero de cierta edad y aspecto distinguido. Se parecía muchísimo al rey tal como le representan en todos los sellos de correos de Baviera, salvo que este hombre parecía mayor, más frágil y mucho más preocupado. Debía de estar intentando mantener en secreto su visita: iba sin guardias ni lacayos. Le hice una profunda reverencia y le invité a pasar.

—¡Ya vale! —bramó—. ¡Tengo que ver al hada madrina de una vez por todas!

—Lo siento, alteza. Está fuera. ¿Puedo ayudarle yo?

—Quizá —respondió—. ¿Sabe usted dónde guarda sus pociones mágicas?

—Si me dice qué poción quiere, me encantaría ir a buscarla —dije con la voz más servicial que pude articular.

El rey parecía desconcertado.

—Bueno, en realidad busco una poción que me haga, bueno..., que me permita vivir eternamente.

Le ofrecí al rey una silla cómoda, me excusé y fui hacia el armario donde el hada madrina guardaba sus pociones. Al poco tiempo regresé con unas cuantas botellas.

—He encontrado una poción que le permite tener el aliento fresco durante más tiempo de lo normal y otra que mantiene el bronceado fuera de temporada. Pero no he encontrado nada para prolongar la vida, ni siquiera un día.

Su alteza real no se alegró con estas noticias.

—En ese caso esperaré hasta que regrese el hada madrina. Ya ve, no me siento bien y los doctores de la corte no me han servido de mucho.

—Siento escuchar eso, alteza. ¿Cuál es su problema?

—En primer lugar, mi espalda. Me está matando. Y por la noche no puedo dormir a causa de los dolores que me producen los gases, sin mencionar las terribles migrañas. Mi vista se va enturbiando. Me estoy quedando sordo de un oído. Estoy perdiendo memoria... ¿o eso ya lo he mencionado? Pero lo peor de todo es que mis hijos gemelos me están volviendo loco. Aparte de esto, estoy bien, muy bien —no había duda de su tono sarcástico.

—Creo que debe de estar terriblemente incómodo, alteza. Pero ¿por qué quiere vivir eternamente? Con toda seguridad, su salud continuará empeorando a medida que se vaya haciendo mayor. En unos pocos años tendrá que guardar cama. ¿Le gustaría vivir eternamente en la cama?

—Nunca me lo había planteado así —admitió, pensativo—. Pero por lo menos, si viviese eternamente, no tendría que preocuparme de cómo dividir el reino entre mis hijos, el príncipe Sherman y el príncipe Herman. Son gemelos idénticos, ¿sabe? Ni siquiera puedo hablar con ellos por separado. Ya ve, da igual cómo lo divida: uno de los dos o los dos se enfadarán conmigo. Sus peleas me están vol-

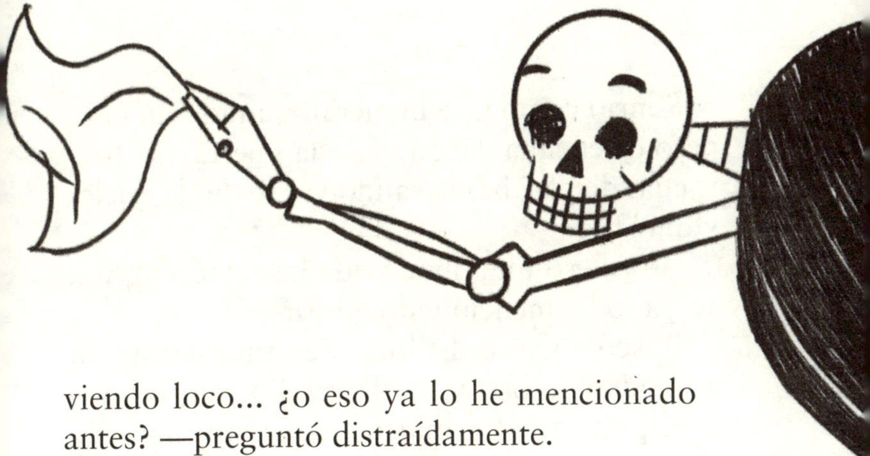

viendo loco... ¿o eso ya lo he mencionado antes? —preguntó distraídamente.

—Su memoria le funciona bien —respondí diplomáticamente—. Pero yo me pregunto: si las peleas de sus hijos le vuelven loco, ¿cómo se sentirá cuando tenga ocho nietos que discutan sobre la forma de dividir el reino? ¿O treinta y dos bisnietos ? ¿O ciento veintiocho tataranietos? Si todavía no estuviera loco, esto le haría estarlo.

El rey se quedó absorto, pensando.

—Voy a reflexionar sobre ello —respondió—; cuanto más aplace la decisión, peor será. Trataré de salir lo mejor posible de esta situación mientras pueda. Usted me ha ayudado más de lo que podía imaginar. Me alegro de que no estuviera el hada madrina.

Con más energía de la que había desplegado hasta el momento, se levantó de la silla y anunció:

—Debo seguir mi camino.

Sonrió como si le hubieran quitado un gran peso de encima. Se dirigió a la puerta, la abrió y, cuando casi había salido ya, se dio la vuelta y dijo:

—Quiero que olvide que he estado aquí... ¿o ya lo he mencionado antes?

Buscó en su bolsillo y sacó una bolsa con monedas de oro y me la tendió. No me vio precipitarme al armario y sacar un pañuelo para enjugar mi cara. Había sido un día de lo más extraño y me encontraba ansioso por relajarme en una tina llena de agua caliente y burbujas. (Había encontrado unas sales de baño excelentes en el armario de las pociones del hada madrina).

A la mañana siguiente no hubo ningún acontecimiento. Había dormido bien y estaba preparado para cualquier cosa. Entonces, alrededor del mediodía, sucedió «algo». ¿Quiénes creéis que eran los que llamaban a la puerta del hada madrina cuando estaba a punto de salir a almorzar? ¡El príncipe Sherman y el príncipe Herman!

Lo primero que advertí cuando los hice entrar fue lo enojados que parecían. Estaban discutiendo sobre algo en el umbral y continuaron discutiendo cuando abrí la puerta.

—Quiero los caballos y los establos para poder jugar al polo —dijo el príncipe Sherman (puedo decir que era Sherman porque tenía una «S» mayúscula bordada en su túnica).

—De ninguna forma —respondió el príncipe Herman (era el que tenía una «H» mayúscula dibujada en su túnica)—. Yo también quiero montar a caballo.

—Perdónenme, altezas —dije mientras hacía una reverencia—. Lamento que el hada madrina no esté aquí. Yo soy su ayudante.

—Está bien —dijo el príncipe Sherman—. Nuestro padre, el rey, nos envió a verle a usted.

No daba crédito a lo que oía.

—¿Los envió a verme?

—Eso es —dijo el príncipe Herman—. Ya ve, nos comentó que está muy enfermo y que no le queda mucho tiempo de vida. Y nos dijo que teníamos que resolver cómo dividir el reino nosotros mismos.

—Y —continuó el príncipe Sherman— dijo que, si no podíamos resolverlo, viniésemos a verle a usted. Y por eso estamos aquí.

—¿Qué esperan que haga yo? —pregunté—. Yo sólo soy el ayudante del hada madrina. No hago magia.

—Ya sabemos todo eso —dijo el príncipe Herman—. Pero mi padre dijo que lo que hace usted es mejor que la magia.

Estaba sorprendido..., no, estupefacto..., no, conmocionado.

—M-m-me ha-la-la-halagan —tartamudeé sin saber qué decir.

—Así que nos gustaría que dividiese el reino por nosotros —dijeron al unísono.

—Supongo que no puedo rechazar una orden real —dije con indecisión.

—¿Qué quiere decir? —preguntó el príncipe Sherman con desconfianza.

—Bueno, si decido cómo dividir el reino, entonces los dos se enfurecerán conmigo, porque no puedo haceles felices a ambos. Pero tengo un par de sugerencias.

—¿Cuáles son? —requirieron.

—¡Ejem! —me aclaré la garganta para crear cierta tensión.

—¿Sí? —preguntaron, esperando una declaración brillante.

—Bueno, pueden renunciar al trono los dos y dejar que gobierne su primo Fritz.

Los gemelos se miraron entre sí, preguntándose cada uno si el otro consideraría seriamente tal propuesta.

—¡No! —dijeron al unísono.

—O pueden compartir el trono y gobernar juntos.

—¡Imposible! —exclamó el príncipe Sherman.

—¡Desastroso! —proclamó el príncipe Herman.

—No podemos estar de acuerdo en nada —añadió el príncipe Sherman. Hizo una pausa—. Bueno, en casi nada. Ambos estamos de acuerdo en que ésa es una idea estúpida.

—Entonces sólo hay una opción —volví a hacer una pausa para conseguir un efecto dramático—. Príncipe Sherman, divida el reino de la forma más equitativa que pueda. Príncipe Herman, escoja la mitad que quiera.

El príncipe Sherman miró al príncipe Herman. El príncipe Herman miró al príncipe

Sherman. Sonrieron. Después me miraron a mí. Sonriendo aún, los dos se metieron la mano en el bolsillo, ambos sacaron una bolsa con monedas de oro y me la tendieron al mismo tiempo. Después salieron uno con el brazo sobre los hombros del otro.

—No puedo creerlo —dije sin dirigirme a nadie en particular cuando volví a derrumbarme en el sillón. Menos mal que no hubo más visitas aquel día. Había tenido toda la tensión que podía soportar.

Aquella noche me pregunté si Eva habría ido al baile real. Al día siguiente lo averiguaría. Justo antes del mediodía llamó a la puerta principal. Llevaba una cartera y parecía cansada, pero feliz. Estuve a punto de preguntarle: «¿Qué tal el baile?», pero empezó a hablar antes de que yo dijera una sola palabra:

—La gala fue estupenda. La música, la comida, el baile..., todo. Jamás habría ido sin su ayuda —dijo con entusiasmo.

—Gracias —respondí—. Pero no me puedo atribuir el mérito. Lo hiciste tú todo. Por cierto, ¿qué llevas en la cartera?

—Todas mis pertenencias —respondió—. Después de asistir al baile real, ya no podía volver a vivir con mi madrastra y mis hermanastras. De modo que decidí marcharme a la ciudad y abrir un taller de costura. Ya sabe que soy una buena modista.

»Solamente he pasado por aquí para darle las gracias y comunicarle las últimas noticias de la corte. La noche pasada, el rey anunció que renunciaba al trono para así poder viajar. Dejaba el trono al príncipe Herman (todo menos los establos). Parece ser que el príncipe Sherman ha decidido dedicarse al polo.

Según salía, dije:

—Me gustaría ser tu primer cliente. Iré a verte para que me tomes medidas la semana que viene.

—Gracias —dijo—. A lo mejor podemos ir juntos al baile real el año que viene.

—Me encantaría —respondí—. Pero el año que viene iremos como es debido. Alquilaremos un carruaje para la velada. Y llevaremos los dos zapatillas de baile.

Eva salió por la puerta riendo.

El hada madrina regresó al día siguiente. No pareció sorprenderse cuando le conté todas las cosas que habían ocurrido en su ausencia.

—Cuando me marché, ya te dije que podrías solucionar cualquier cosa que sucediese —opinó.

Me pregunté si aquellas palabras eran mágicas.

El cuenco de la abuela Rosa

Adaptado por Bruce Lansky a partir de un cuento de los hermanos Grimm

Durante mi visita a un poblado muy pobre de México, me detuve en una tienda de antigüedades y adquirí un viejo diario lleno de polvo.

El comerciante me dijo que había pertenecido a una chica llamada María que había vivido cerca de allí con su madre, Cristina, hacía muchos años. Espero que no se moleste si comparto su historia con vosotros.

El padre de María había muerto cuando ella era joven, de modo que su madre tuvo que trabajar muy duro como alfarera llevando una vida modesta. Cuando la abuela paterna de María se hizo demasiado mayor y débil para cuidar de sí misma, no tuvo más remedio que trasladarse a la pequeña casa de María y su madre.

Desde el primer día, María disfrutó de la compañía de la abuela Rosa. Mientras Cristina trabajaba en el torno, la abuela Rosa procuraba ser útil remendando ropa. Pero como su vista flaqueaba y sus manos estaban temblorosas, le resultaba muy difícil meter el hilo por el diminuto ojo de la aguja. Así pues, María ayudaba a su abuela a enhebrar la aguja y era recompensada con historias fascinantes sobre su padre cuando éste era niño.

Cristina, que estaba pendiente de cómo llegar a fin de mes, se encontraba ahora con que había una boca más que alimentar. La primera noche, a la hora de cenar, cuando la abuela Rosa derramó algo de sopa, Cristina se enfadó:

—Procure tener más cuidado —le advirtió—. Trabajo mucho para que podamos mantenernos.

A la noche siguiente, cuando a la abuela Rosa se le cayó al suelo un cuenco, Cristina se enfadó aún más.

—Por ese bonito cuenco se podían haber sacado diez pesos en el mercado. Ahora se ha hecho añicos. Es usted demasiado torpe para utilizar la vajilla. Aquí tiene uno de arcilla. Coma en él.

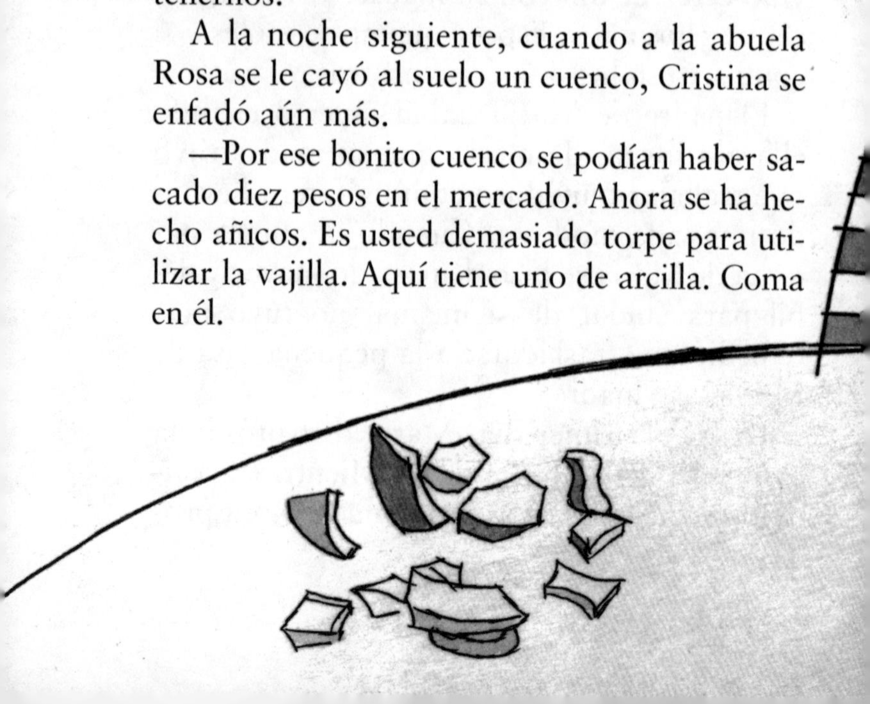

La noche siguiente, a la hora de la cena, cuando a la abuela Rosa se le derramó el café en la mesa, Cristina perdió los estribos.

—¡Esto es el colmo! —gritó—. Primero desperdicia mi exquisita sopa, luego rompe mi precioso cuenco y ahora me mancha la alfombra. Es usted demasiado torpe para comer con nosotras en el comedor —y Cristina colocó una mesita en el porche delantero, donde la abuela Rosa terminó de cenar.

Después, la anciana se fue a su habitación con la cabeza gacha. Cuando se disponía a acostarse, María fue junto a su cama a consolarla.

—Siento mucho cómo te ha tratado mi madre —susurró la niña a su abuela—. Sé que te ha herido en tus sentimientos. Se me ha ocurrido una cosa para ayudarte: mañana por la noche, a la hora de la cena, quiero que se te vuelva a caer el cuenco.

—No te entiendo —le respondió la abuela Rosa en voz baja—. Si lo dejo caer, tu madre se enfurecerá y me volverá a chillar.

—Posiblemente se enfade, pero no te preocupes —susurró María—. Todo saldrá bien, ya lo verás.

A la noche siguiente, a la hora de cenar, María y Cristina escucharon un fuerte ruido en el porche. Cristina salió precipitadamente a ver qué había sucedido, y se encontró con que a la abuela Rosa se le había caído el cuenco de arcilla y se había roto.

—¡Qué torpe es usted! —la regañó a gritos—. Recoja los trozos y péguelos. No le voy a dar otro cuenco para que lo rompa.

Los ojos de la abuela Rosa se llenaron de lágrimas. María ayudó a la débil mujer a levantarse de la mesa y la guió hasta su habitación. Después regresó al porche y recogió los trozos del cuenco roto.

Un poco más tarde, aquella misma noche, Cristina vio cómo María estaba pegando los trozos del cuenco roto de la abuela Rosa.

—Qué detalle por tu parte arreglarle el cuenco a la abuela —dijo Cristina.

—Estás equivocada, mamá —respondió María—. Mañana voy a hacer un precioso cuenco para la abuela Rosa. Este cuenco recompuesto lo guardaré. Dentro de muchos años, cuando seas mayor y débil como la abuela Rosa, te lo daré a ti.

A Cristina se le saltaron las lágrimas. Lloraba porque se sentía avergonzada de la forma en que había tratado a su suegra. Pero también lloraba de emoción, porque estaba orgullosa de María, de la sensatez y el valor que había tenido para mostrarle el error de su comportamiento.

En cuanto se enjugó las lágrimas, Cristina fue a pedir perdón a la abuela Rosa.

Al día siguiente, a la hora de la comida, la abuela Rosa se volvió a sentar a la mesa. Desgraciadamente, cuando se estaba echando azúcar en el café, se le cayó el azucarero al suelo.

Cristina contempló el azucarero roto y el azúcar esparcido. Entonces miró a la abuela Rosa y sonrió.

—No se preocupe, mamá. Son cosas que pasan. Coma tranquila.

Y aquella fue la primera de las muchas comidas felices que compartieron a partir de entonces María y su familia.

POR AMOR A SUNNY

Una historia original de Vivian Vande Velde

Érase una vez, cuando por la Tierra aún vagaban dragones y duendes, el rey de un pequeño país, situado en una isla ahora conocida como Irlanda, que invitó a las familias reales de los reinos vecinos a una gala en su palacio.

Dos de las personas que se encontraron en aquel baile fueron la princesa Meghan y el príncipe Sean, al que llamaban Sunny. Antes de que hubiera acabado el baile, ambos se habían enamorado.

Pero, cuando Sunny llevó a la princesa a su casa para que conociese a su madre, las cosas no fueron bien.

—Ésta es la princesa Meghan —comenzó Sunny—. Sus padres son...

—Pasé por las tierras de sus padres el año pasado —dijo la reina—. Un pequeño reino horrible en el que los habitantes más interesantes son los renos. ¿Sabes que sus padres crían cerdos en su dormitorio?

Meghan se esforzó por sonreír educadamente.

—Los metemos dentro cuando hace tanto frío que corren riesgo de morir congelados —explicó ella. Un tanto irritada, añadió—: Además, no los tenemos en el dormitorio, ¿sabe?

Sunny se encogió de hombros.

—En cualquier caso, nos vamos a casar.

—Bien —dijo su madre—. En cuanto pase las pruebas.

—¿Qué pruebas? —preguntó la princesa con cierta cautela.

—Tienes que matar al ogro que vive en el valle y al dragón que vive en la montaña. Y después..., déjame que piense..., tienes que contestar a tres preguntas.

—Pero... no hay derecho —gritó Meghan—. Jamás he oído que una princesa se tuviera que ganar la mano de un príncipe.

—Nosotros fijamos las reglas —dijo la reina— para asegurarnos de que nuestro hijo se case con una mujer digna de él.

—Espera un momento —dijo Sunny—. No recuerdo haber escuchado esta regla el año pa-

sado cuando me queríais casar con la hija del canciller.

—Sólo se aplica la regla a las princesas nacidas en el extranjero —la reina sonrió—. Que paséis un buen día.

Meghan esperó a que se marchara la reina y luego dijo:

—Me preocupa qué clase de preguntas me van a hacer. No soy nada buena en adivinanzas y aún soy peor en historia. No me importa correr el riesgo, pero me fastidia quedar en evidencia ante alguien que sabe las respuestas.

—No seas tonta —le dijo Sunny—. No puedes ir corriendo por todo el país matando dragones y duendes.

—Si no lo hago, no nos volveremos a ver nunca más —razonó ella—. ¿Serías feliz con la hija del canciller?

—Es bastante hermosa —suspiró Sunny—, pero nunca la querré tanto como a ti.

—Bueno, entonces lo haré —dijo Meghan, mostrando más seguridad de la que sentía.

Era más de medianoche cuando, en medio de la montaña, Meghan se encontró cara a cara con el dragón.

—¡Hola! —le dijo ella—. ¿Qué tal se encuentra?

El dragón, que estaba acostumbrado a caballeros que le acechaban por el camino de atrás, se sobresaltó un poco al ver a alguien subiendo por la senda principal, y más aún al darse cuenta de que se trataba de una mujer, que se encontraba desarmada y sin aliento a causa del esfuerzo.

—¿Qué? —preguntó, poniéndose de pie a toda prisa.

—¡Ay, querido! —dijo ella. Extendió su capa sobre una roca y de sus bolsillos sacó un trozo de pergamino, una pluma de caña y un tintero—. Duro de oído —murmuró mientras, para escribir, inclinaba el papel para iluminarse con la luz de la luna—. Dije —repitió más alto y más claro— ¿qué tal se encuentra?

—No hace falta que grites —respondió el dragón—. Me encuentro perfectamente. Además, ¿a ti qué te importa?

—Se encuentra perfectamente —dijo Meghan, garabateando—. ¿No tiene ningún problema de artrosis o de algo así?

—No. ¿Por qué?

Ella no respondió, y aparentó estar demasiado atareada escribiendo su respuesta.

—No le será de gran ayuda si le digo que tiene exceso de peso —le comentó—. Eso no le afecta mucho para volar, ¿verdad?

—Escucha, nena, estás pisando un terreno peligroso.

Continuó escribiendo.

—Parece de carácter susceptible —leyó en voz alta.

—¿Qué estás haciendo? —le gritó el dragón.

Meghan levantó la mirada, sorprendida.

—Estoy tomando notas de su condición física.

—Pero ¿por qué? —preguntó el dragón.

—Para saber por quién apostar en la pelea —respondió.

—¿Eh? —preguntó el dragón—. ¿Qué pelea?

—Con el ogro —contestó.

—¿Y eso? ¿Por qué me tengo que pelear con el ogro? —reflexionó el dragón en voz alta.

—Porque va diciendo a todo el mundo que usted lleva demasiado tiempo sentado aquí, y éstas son exactamente sus palabras, sobre su gordo trasero y va a subir y le va a quitar todo su oro.

El dragón silbó.

—Que lo intente —advirtió, soltando humo entre los apretados dientes.

Meghan señaló la vertiente de la montaña nevada. El ogro empujaba una enorme carretilla vacía montaña arriba, deteniéndose de cuando en cuando para rascarse la barriga y bostezar.

Aquella misma tarde, al ponerse el sol en el confín del mundo, Meghan, sentada fuera de una cueva y gritando a voces, había despertado al ogro de un apacible sueño.

—¡Cállate o saldré y te comeré! —chilló desde la cama. Los ogros duermen por el día y se despiertan de noche, y era mucho más temprano de lo que este ogro solía despertarse.

Envalentonada, Meghan gritó aún más fuerte.

—¿Qué te pasa? —inquirió el ogro—. ¿No sabes que yo como gente para cenar?

—¿Qué más me da? —se lamentó la chica—. Mis hermanos se han matado el uno al otro luchando por el oro del dragón.

—¿Se han matado el uno al otro? —se rió entre dientes el ogro—. ¿Y qué hacía el dragón durante la pelea?

—Simplemente yacía muerto.

—¿Muerto? —el ogro se interesó de inmediato.

—¡Oh! ¡Ay de mí! Todo aquel oro más que suficiente para los dos y ahora están muertos.

—¡El oro! —clamó el dragón—. ¿Está todavía allí?

Meghan no respondió. Se escondió detrás de un árbol e hizo como si se hubiera marchado. Después observó cómo el ogro se detenía sólo lo justo para comerse un par de ovejas y desenterraba su carretilla de debajo de una pila de ropa sucia. Cuando parecía dispuesto a escalar la montaña para saquear la guarida del dragón, Meghan le adelantó corriendo.

Así es que nada sorprendería más al ogro que ver al dragón, supuestamente muerto, bajar la montaña a toda velocidad derecho hacia él.

—¡Eh! —gritó el ogro. El dragón sacó las garras para apretarle la garganta.

El ogro levantó su carretilla y se la estampó al dragón en la cabeza. Éste dio media vuelta y lanzó su cola para golpear al ogro.

En su trayectoria hacia el suelo (era larga la distancia para un ogro) arrancó un árbol e intentó clavárselo en el estómago al dragón.

El dragón hizo arder el árbol con un soplo flamígero, que después se desvaneció en humo. El ogro echó a correr hacia donde el humo era más espeso e hizo rodar al dragón.

Meghan observó cómo se caían los dos por el precipicio.

—Ahora ya estoy preparada para las preguntas —dijo Meghan a la reina. El canciller real permanecía de pie junto al trono, mientras Sunny estaba sentado en su silla ceremonial, sonriendo con confianza.

La reina indicó al canciller que diese un paso adelante. Él todavía confiaba en que fuera su hija la que se casara con Sunny, por lo que había pasado toda la noche ayudando a la reina a pensar preguntas absurdas.

Sunny lanzó besos a Meghan desde su sitio, pero ella hizo como que no le veía. El canciller se aclaró la voz y las trompetas reales tocaron la fanfarria oficial.

De repente, Meghan empezó a gritar, produciendo los mismos sonidos que utilizan los campesinos para llamar a los cerdos:

—¡Cochino, cochino, cochino!

Después se puso a gatas y comenzó a emitir gruñidos al mismo tiempo que le mordisqueaba los tobillos al canciller.

La reina se puso de pie boquiabierta.

—¿Qué te pasa? —gritó el canciller.

Meghan se levantó de golpe.

—Absolutamente nada —respondió—. ¿Segunda pregunta?

—¿Qué? —gritó.

—He dicho «absolutamente nada». Tercera pregunta.

—Espera un momento, ésas no eran las preguntas. No pensarás que ésas eran las preguntas, ¿verdad?

—Por supuesto que no —interrumpió Meghan antes de que la reina pudiera decir nada—. ¡Madre mía! En cualquier caso eran unas preguntas muy fáciles.

Sunny, que le había enviado un beso después de cada respuesta, hizo una señal al trompeta para que comenzara otra fanfarria y después dio un salto hasta donde estaba Meghan y la besó en los labios.

—Mi heroína —le susurró.

—Eres una chica horrible —chilló la reina dando un zapatazo en el suelo.

—¿Sabe? Hay una regla en mi país por la que los que son groseros con la novia no están invitados a la boda.

—¡Oh! ¿Qué va a ser de nosotros? —aulló la reina y arrojó la corona al suelo.

—Ésa es una cuarta pregunta, pero la responderé de todas formas —dijo Meghan—. Probablemente seremos felices toda la vida a partir de ahora.

Y tuvo razón, porque la reina se serenó y fue invitada a la boda a pesar de todo. La hija del canciller real se fugó con un malabarista de circo. Y Sunny y Meghan gobernaron juntos plácidamente durante muchos años.

CARLA Y EL COMERCIANTE CODICIOSO

Adaptado por Robert Scotellaro de un cuento popular

En la ciudad siciliana de Palermo, en Italia, vivían una vez un pobre zapatero y su joven hija, Carla. El zapatero trabajaba con gran destreza haciendo zapatos y sandalias de cuero preciosos que vendía en un mercado cercano. Carla le ayudaba en la tienda sacando brillo a los zapatos, trabajados con esmero, hasta que relucían.

Un día, el zapatero cargó su carro con la mercancía y enganchó su único caballo.

—Deséame suerte, Carla —dijo—. Voy al mercado y espero regresar antes de que anochezca con los bolsillos repletos de monedas.

Carla deseó a su padre un rápido regreso, le besó en la mejilla y vio cómo se marchaba.

El zapatero tomó un camino que le condujo a una calle llena de tiendas. Al pasar por una zapatería, un rico comerciante le llamó:

—¡Eh, espera, amigo!

El zapatero se detuvo, al tiempo que se aproximaba el comerciante.

—Veo que haces un trabajo muy hermoso —dijo el comerciante, escogiendo un par de sandalias de cuero y admirándolas—. ¡Realmente muy bello! —luego, miró al zapatero con una mueca maliciosa—. ¿Cuánto por todo?

El zapatero pensó durante un momento en todo lo que habría podido ganar por cada par en el mercado y fijó un precio justo.

—Veinte piezas de cobre por todo.

—¡Trato hecho! —dijo el comerciante con firmeza y le extendió las monedas al zapatero. Luego, subió el comerciante al carro, se sentó junto al zapatero y le dijo que se bajara y siguiera su camino.

—¿Qué es esto? —protestó el zapatero.

—Vamos, amigo, no sea quisquilloso. Usted estaba de acuerdo en venderme todo, ¿no?

—Bueno, sí..., pero...

—Le tomo la palabra. Todo incluye el carro y el caballo. En cualquier caso, ¡un trato es un trato! Si quiere discutir lo que le planteo, iremos ante el juez. Precisamente hay uno al final de la calle.

Absolutamente alterado, el zapatero siguió al comerciante hasta el Palacio de Justicia. Cuando estuvieron en presencia del juez, el comerciante explicó lo que había dicho y el juez preguntó al zapatero si realmente había acordado vender «todo».

—Bueno, sí... —dijo el zapatero—. Pero...

—Entonces, un trato es un trato —decretó el juez—. Y usted debe cumplirlo.

Muy triste, sin su caballo, sin su carro y avergonzado, el zapatero volvió a casa, con la cruel risa del comerciante resonando en sus oídos.

Al llegar a casa explicó todo a Carla tal y cómo había sucedido.

—¡Qué ladrón! —dijo Carla, sacudiendo la cabeza—. Pero, no te preocupes, papá. Tengo una idea.

A la mañana siguiente, temprano, Carla seleccionó seis pares de zapatillas de danza de las más hermosas que el zapatero jamás había fabricado.

—Déjame que tiente la suerte vendiendo éstas —dijo Carla. Su padre, al ver la determinación en los ojos de su hija, consintió en ello.

Carla cargó el bello calzado en una carretilla y emprendió su camino. Se detuvo para secarse la frente al llegar a la tienda del rico comerciante y, al instante, el comerciante salió afuera.

—*Signorina* —susurró según se acercaba—, parece usted cansada. Quizá yo pueda librarla de su carga.

—Eso estaría muy bien —dijo Carla con una sonrisa.

El comerciante se acercó a la carretilla y observó detenidamente las zapatillas de danza.

—¿Cuánto por todo? —dijo sonriendo ampliamente al pensar que iba a hacer otro buen negocio.

—¿Cuánto me ofrece? —respondió Carla.

El comerciante hurgó en su bolsillo y luego sacó tres piezas de cobre.

—Los tiempos son difíciles, *signorina*. Esto es todo lo que puedo ofrecer.

—¿Todo lo que hay en su mano? —preguntó Carla.

—Sí, claro.

—Entonces, ¡trato hecho! —dijo Carla con firmeza y tendió su mano para el pago.

El comerciante sonrió astutamente y le puso las monedas en ella.

—Gracias —dijo Carla con la mano todavía extendida—. Pero faltan los tres preciosos anillos. También me los quedaré, gracias. Tienen mucho colorido.

El comerciante se quedó sorprendido.

—Pero ¿qué es esto? —bramó.

—Vamos, hombre, no sea quisquilloso —le recriminó Carla—. Usted estaba de acuerdo en pagarme con todo lo que tenía en la mano, ¿no?

El comerciante bufaba porque era un hombre que tenía tendencia a exhibir su riqueza y en la mano llevaba tres anillos muy valiosos que relucían con los rayos del sol: un diamante, un zafiro y un rubí. Los tres formaban parte de sus bienes preferidos.

—Le tomo la palabra. Todo lo que hay en su mano incluye sus tres anillos. En cualquier caso, ¡un trato es un trato! —continuó Carla—. Hay un juez calle abajo. Si usted no cumple el trato, iremos ante él —y eso hicieron.

El juez escuchó con paciencia lo que Carla explicó que se había dicho. Preguntó al comerciante si había acordado de verdad pagar «todo lo que estaba en su mano».

—Bueno..., sí..., pe-pe-pero... —tartamudeó el comerciante.

—Entonces, un trato es un trato —decretó el juez—. Y usted debe aceptarlo.

A regañadientes, el comerciante se quitó los bellos anillos de los dedos y se los tendió a Carla.

Carla se metió dos en el bolsillo y le ofreció el rubí.

—No soy una persona despiadada —dijo—. Apostaría cualquier cosa a que este anillo tiene un gran valor para usted.

—Pues sí, *signorina* —dijo tímidamente el comerciante.

—Bueno, entonces yo estaría dispuesta a cambiárselo por el caballo y el carro de mi padre, que usted ha adquirido recientemente —dijo Carla con una abierta sonrisa. El comerciante, al darse cuenta de que había caído en la misma trampa que él había tendido, asintió.

Y de este modo, Carla volvió a casa junto a su orgulloso y agradecido padre, llevando el caballo y el carro, tres monedas de cobre y los dos preciosos anillos.

Todavía hoy, la gente de Palermo cuenta cómo la inteligente Carla burló al codicioso comerciante.

Los cochinillos de Savannah

Adaptado por Sheryl L. Nelms de un cuento popular

Nada más terminar la Guerra Civil, cuando aún no había desaparecido la frontera americana entre el Norte y el Sur, poca gente vivía en las praderas de Kansas. Savannah, su madre Liza y su padre Jackson eran algunos de los primeros pioneros negros en aquel territorio indio. Habían llegado al Oeste en una carreta y habían comprado una granja junto al río Azul de los indios pawnee.

Jackson era un granjero muy trabajador que amaba a su mujer y a su hija. Había comenzado trabajando como esclavo en los campos de algodón de Georgia, pero ahora era un hombre libre y tenía su propia granja, en la que plantaba maíz en primavera y colocaba trampas para el zorro rojo y el visón en invierno.

Liza, también antigua esclava de Georgia, disfrutaba llevando la casa, criando pollos y plantando hortalizas en el jardín para su familia.

Savannah disfrutaba ayudando a su madre a cuidar a los pollos. Le gustaba lanzar granos dorados de maíz por todo el corral para que ellos los picotearan. Y le gustaba coger de los nidos los huevos bien gordos y calientes. En cambio, no le gustaban las plumas. Odiaba la época de hacer las almohadas. Era una tarea que le hacía estornudar.

Savannah también ayudaba a su padre con los cerdos. Le gustaba observar cómo comía la piara de cerdos blancos y negros, empujándose unos a otros y chillando. Los cerdos siempre le recordaban a sus primos cuando se sentaban para la cena de Nochebuena.

Liza, Jackson y Savannah trabajaban mucho. Vendían a buen precio el maíz, los cerdos, las pieles y los pollos. Vivían bien junto al río Azul, hasta que un miércoles por la mañana Liza se levantó con náuseas.

Savannah confiaba en que no fuera nada serio. Quizá fuese algo que había comido y no le había sentado bien. Pero no resultó ser así. Liza tenía el cólera. Muchos de los pioneros que atravesaban Arkansas por la ruta de Oregón habían muerto de cólera y, ahora, Liza también lo padecía.

Murió la mañana de un lunes en el sofocante calor de agosto.

Savannah ayudó a su padre a amortajar el cuerpo de su madre con su vestido preferido de terciopelo azul. La peinó por última vez y le sujetó el pelo con horquillas. Ayudó a su padre a meter el cadáver en un sencillo ataúd de álamo de Virginia y después lo llevaron a la tranquila llanura de Kansas.

Jackson rezó una solemne y larga oración y Savannah respondió sollozando: «Amén.»

Enterraron a Liza a la sombra de los árboles, en la colina de detrás de la casa.

Savannah ayudó lo mejor que pudo a su padre. Se ocupaba de la cocina y de la limpieza. También lavaba, zurcía y alimentaba a los pollos, vendía los huevos y los polluelos, y cuidaba de los cerdos.

Pero, aquel invierno, Jackson se fue poniendo cada vez más triste. Savannah hacía todo lo que se le ocurría para hacerle feliz, pero no daba resultado.

Un día, aproximadamente un año después de la muerte de Liza, Jackson se marchó a la ciudad conduciendo las dos mulas con una carreta llena de maíz. Aquella misma noche volvió con una mujer flaca en una calesa con capota roja.

«¡Dios mío! —pensó Savannah cuando miró hacia fuera por la puerta principal—. ¿Qué le ha pasado a mi padre? Lo triste que estaba y míralo ahora. Está sonriendo. Parece muy feliz.»

Savannah no podía creer las palabras de su padre cuando entró en casa y explicó:

—He encontrado una nueva mujer, Savannah. Un mujer que me quiera de nuevo. He estado tan solo desde que murió tu madre... ¡Ahora tengo a Billie! La conocí la primavera pasada cuando fui a Marysville a comprar trigo para sembrar. Ella había llegado desde Kansas City para visitar a su hermana. Cada vez que iba a la ciudad tomé por costumbre pasar a verla. Cada uno de nosotros disfruta con la compañía del otro y hemos decidido casarnos. He vendido el trigo, el carro, las mulas, los cerdos y los pollos. Ahora podemos irnos los dos a vivir con Billie a Kansas City.

—Yo me quedo aquí —le interrumpió Savannah—. Mamá está enterrada aquí. La granja está aquí. Éste es mi sitio.

—Muy bien, Savannah —respondió su padre a regañadientes—. Puedes quedarte. Después de todo, eres una persona casi adulta. Puedes vivir en la ciudad durante el invierno, con los Ottens. En verano, Amos Otten se detendrá cuando vaya a la serrería para comprobar que estás bien.

—Gracias, papá —dijo Savannah—. Pero lo que yo quiero es que tú te quedes aquí también.

—Savannah —dijo su padre—, ésta puede ser mi única posibilidad de ser feliz. Quizá ya no tenga otra oportunidad de casarme, aquí en medio de Kansas. Me gustaría que vinieras con nosotros. Te quiero, Savannah, pero debo marcharme.

—Adiós, papá. Te echaré mucho de menos. Te quiero. Si me necesitas, estaré aquí. Acuérdate de mí.

Y de este modo se marcharon, pero no antes de que Billie hubiera desvalijado todas las pertenencias de Liza. Cogió un baúl con todos sus vestidos, incluido uno precioso de color rojo que le encantaba a Savannah, los utensilios de cocina y toda la vajilla.

Su padre se había ido, su madre había muerto, y se habían llevado sus cosas. Todo lo habían vendido: el carro, las mulas, los pollos y los cerdos.

«Se acabó —pensó Savannah mientras contemplaba las habitaciones vacías de la casa que su padre y su madre habían construido—. Bueno, por lo menos no ha vendido la gran-

ja», se dijo, y contempló el río a través de la ventana.

Una granja. Pagada por sus padres tras años de mucho trabajo. La tierra donde su madre descansaba ahora. La tierra que su padre acababa de abandonar.

Savannah decidió subir a la colina a visitar la tumba de su madre. Según iba subiendo por el sendero, vislumbró una cosa negra que se movía detrás del gallinero vacío. Se detuvo a observar.

Despacio, con temor, un hocico cubierto de barro asomó por la esquina del gallinero. Después, otro y otro. Savannah contó diez naricillas de cerdo moviéndose hacia ella.

—¡Cerdos! —exclamó—. Diez cerditos. ¿De dónde salís? ¿Estabais escondidos por el río? ¿Por eso estáis tan manchados de barro? Mi padre vendió a vuestros padres. Vendió a todos vuestros hermanos y hermanas. Sois huérfanos. Pobres huerfanitos.

Savannah pensó para sí: «Todos somos huérfanos.»

Recorrió con su mirada el corral. ¿Qué podía hacer con aquellos cochinillos desvalidos?

Decidió que lo mejor sería llevarlos al gallinero. Había servido para los pollos y podría ser útil para tener a los cerdos a salvo de los coyotes y los zorros.

—De momento os dejaré aquí —susurró mientras los hacía entrar a través de la puerta abierta—. Así sabré dónde estáis.

Una vez que tuvo a los cerdos en el gallinero, se sentó a pensar: «Yo soy todo lo que tienen esos pobres cerditos. Debo alimentarlos. Pero ¿qué les voy a dar de comer si papá vendió el maíz?»

Entonces se acordó de las mazorcas que todavía había en el campo, sin cortar. Su padre había vendido el trigo que había cosechado, pero en los campos aún había mazorcas maduras. Ya sabía lo que tenía que hacer. Recogería las mazorcas de maíz en la vieja cesta de su madre y se las llevaría a los cerdos. Sabía que el maíz era el mejor alimento para los cerdos. Se lo había enseñado su padre.

Recogió muchas cestas de maíz y subió con dificultad la colina. Pero mereció la pena el esfuerzo: sus cerditos comían con avidez. Con el tiempo, se fueron haciendo cada vez más grandes. Entonces, Savannah construyó una valla alrededor del gallinero para que los cerdos pudiesen correr por fuera todo lo que quisieran.

Mientras tanto, volvió a cultivar el huerto. Cuando vivía su madre, tenían un huerto enorme. Savannah había ayudado a plantar y a cavar hileras de hortalizas. Era un trabajo duro, pero ella lo hacía con gusto.

Su padre había plantado en el huerto, pero últimamente lo había desatendido. Para que el huerto volviera a estar en buen estado, tuvo que regarlo bien, escardarlo entero y recoger las hortalizas. Fue otra vez un buen huerto.

Savannah sabía cómo almacenaba su madre las semillas de un año para otro, así que desecó y almacenó algunas para hacer su propio huerto en primavera.

En octubre, en la época de la cosecha, tenía arrobas de hortalizas. Almacenó lo suficiente para ella en la bodega y luego metió en sacos los nabos y las patatas que le sobraban y se los llevó a la ciudad para venderlos. Cogió seis cerdos de los más gordos para venderlos también. Se habían hecho tan grandes que no había sitio para tener a los diez en el gallinero durante el invierno.

Con todo el dinero que consiguió, volvió a comprar las mulas de su padre. Luego llenó unos sacos con los guisantes y las judías de su huerto, los cargó en las mulas y se los llevó a la ciudad. Vendió los guisantes y las judías y volvió a comprar el carro de su padre.

En noviembre, Savannah le dijo al señor Otten que tenía que quedarse en la granja para cuidar de las mulas y de los cerdos. Alguien tenía que darles de comer. No podía dejarlos morir de hambre. Él estuvo de acuerdo y dijo que iría de vez en cuando a ver cómo estaba. Ella aseguró que se las arreglaría muy bien para cuidar de sí misma y de los animales, y que su padre estaría orgulloso de ella. Aquello le hizo sentirse bien, pero también la entristeció. Echaba de menos a su padre y, por supuesto, también a su madre.

Según se aproximaba el invierno, se dio cuenta de que el huerto ya no daría frutos durante mucho tiempo. Así que decidió ver si podía encontrar las trampas que utilizaba su padre. Cuando llegó al cobertizo donde él guardaba las pieles, vio las trampas, medio oxidadas, colgadas en la parte de atrás del cobertizo. Decidió utilizarlas. Terminarían por oxidarse del todo si seguían allí colgadas sin que nadie las limpiara y las engrasara.

Colocó las trampas en el bosque a lo largo del río Azul. Había ayudado a su padre muchas veces y sabía cómo colocarlas y cómo cubrir su rastro. Estaba muy contenta, pues tenía algo que hacer durante el largo y frío invierno. Se alegraba de que sus padres le hubieran enseñado a hacer tantas cosas. Sabía encender un fuego, cocinar un guiso de patatas, hornear pan, despellejar un conejo o curtir una piel.

Mientras tanto, en Kansas City la vida no resultaba tan plácida. Billie no era la persona con la que Jackson creía que se había casado. Siempre estaba quejándose de algo. No se mostraba tan amable y alegre como cuando eran novios. Ella no tenía una mansión, como había dicho, sino que vivía en una vieja pensión. Jackson se tuvo que gastar la mitad de su dinero en comprar una casa aceptable para ambos. Luego, Billie se las arregló para despilfarrar la otra mitad en lujosos vestidos.

En primavera, Jackson iba de un lado para otro sin poder conciliar el sueño. ¿Qué podía hacer? Billie no se conformaba con nada. Todo le parecía mal. Finalmente decidió regresar a la granja de Kansas. En última instancia, él era un granjero. Lo único que sabía hacer eran las labores de labranza. Incluso cuando era un esclavo en Georgia, había sido granjero. No podía llevar una vida así en la ciudad. Le dijo a Billie que se fuera con él si quería, pues había decidido marcharse.

Billie accedió a volver a la granja con Jackson. Él suponía que ella no quería arriesgarse a perder su calesa roja. Se preguntaba si valoraba aquella calesa más de lo que le valoraba a él.

Savannah estaba arando el terreno y plantando el maíz cuando vio una espesa nube de polvo que se arremolinaba colina abajo. Dejó de trabajar y se levantó.

«Es demasiado pronto para que sea el señor Otten —pensó—. ¿Quién podrá ser?»

Cuando finalmente reconoció a la persona que conducía la calesa, no podía dar crédito a lo que veían sus ojos.

—¡Papá, papá!, ¿eres tú? ¡Oh, papá, cuánto te he echado de menos! —iba gritando mientras corría a lo largo de la cerca.

—¡So! —dijo su padre mientras detenía la calesa junto al maizal que ella estaba plantan-

do—. Savannah, te he echado de menos. ¿Cómo pude dejarte? Qué tonto fui. Aquí tenía todo lo que necesitaba —miró a su alrededor los fértiles campos—. ¿Qué has hecho con nuestra granja? —estaba asombrado—. ¡Es maravilloso! ¡Qué rectas las hileras de maíz! Pero ¡si eres mejor granjera que yo!

—Oh, no, papá —dijo Savannah—. Sólo intentaba alimentar a los cerdos huérfanos. Eso es todo. Necesitaban comida. Yo sólo trataba de alimentarnos a todos.

—Bueno, de nuevo estoy en casa. Vengo para quedarme, si me dejas. Soy un granjero. Pertenezco a esta tierra. No soy una persona de ciudad. Te quiero, Savannah. Eres mi hija.

Billie no me necesita. Vuelvo si me quieres como padre otra vez.

—Sí, papá. Por supuesto.

Los dos escucharon el chasquido de una fusta cuando Billie puso en marcha bruscamente la calesa, con su capota ondeando al viento.

Jackson abrazó a Savannah y luego miró a su alrededor las rectas hileras del maíz plantado de nuevo.

—¡Qué buen trabajo has hecho, Savannah, mi niña! ¡Un buen trabajo de verdad! Estoy muy orgulloso de ti. Orgulloso de ser tu padre. Has salvado la granja. Tú eres mi verdadera felicidad. Me alegro de volver a casa. Te he traído una cosa —añadió dirigiéndose a la puerta principal y volviendo con una maleta—. Toma, ábrela.

—¡Oh, papá! —dijo con voz entrecortada Savannah después de levantar la pesada tapa—. ¡El precioso vestido rojo de mamá! ¡Lo has rescatado para mí! ¡Muchísimas gracias!

Savannah y su padre continuaron cultivando la granja junto al río Azul durante muchos años prósperos. Ella siempre recordaba la felicidad que sintió cuando regresó su padre. También conservó el vestido rojo de su madre hasta que llegó la hora de dárselo a su propia hija años después.

KIMI SE ENCUENTRA CON EL OGRO

Una historia original de Linda Cave

Hace mucho tiempo, en Japón, había un pueblo aislado en un valle rodeado de colinas suavemente onduladas. Era un pueblo agrícola con arrozales escalonados sobre las laderas de las colinas. Por encima de las colinas se elevaba una gran montaña.

Como en la mayoría de los pueblos, la gente narraba historias sobre sus antepasados y sobre cómo se había formado el pueblo. Contaban de un gran guerrero samurai que había llegado una vez al valle y había sido atacado por un ogro terrible. Tras una larga lucha, el samurai había derrotado al ogro y se había ido a vivir a lo alto de la montaña. Después, se había establecido en este precioso valle. La historia la habían contado muchas, muchas veces. Nadie sabía si el relato era cierto, pero, siempre que retumbaba el trueno en la cima de la montaña, los lugareños decían que el ogro debía de estar pateando el suelo con los pies.

Todas las familias del pueblo se proclamaban descendientes del samurai. Una decía tener una manta que supuestamente le había pertenecido. Otra tenía un caballo precioso que, al parecer, era descendiente del caballo del samurai.

Pero la familia de Kimi y Taro poseía un tesoro especial: una espada gigantesca en una caja de madera hermosamente tallada. Los padres de Kimi y Taro aseguraban que la espada había pertenecido al samurai y presumían de que estaba más afilada que cualquier cuchillo. La funda de la espada era de la misma longitud que la altura del padre. Los niños nunca habían visto a nadie usar la espada. En realidad, nunca la habían visto desenfundada. Pero Kimi y Taro sacaban brillo a la funda hasta que relucía a la luz de la lumbre y todos los lugareños la admiraban muchísimo.

Aunque nadie había visto al ogro, todos los chiquillos del pueblo conocían las historias sobre él. Cuando oían los truenos, se amenazaban unos a otros con que el ogro vendría a cogerlos. Taro no sólo amenazaba a sus amigos, sino que también le encantaba inventarse historias escalofriantes sobre el ogro deslizándo-

se furtivamente por el pueblo mientras todos dormían. Y en seguida los niños iban repitiendo las palabras de Taro.

Taro estaba encantado de que sus amigos quisieran escuchar sus historias. Comenzó a inventarse más y más cuentos sobre el ogro para impresionarlos.

Un día, mientras contaba uno de ellos, un amigo le preguntó cómo sabía tantas cosas del ogro. Como no quería admitir que simplemente se lo inventaba todo, Taro presumió de haber estado en la montaña y de haber visto al ogro. Los chicos se echaron a reír. Todos sabían que Taro no había estado nunca en la montaña. Así que se fueron rápidamente a jugar y le dejaron solo.

Taro decidió que la única forma de conseguir que sus amigos volvieran a escuchar sus historias era ir a la montaña y buscar al ogro. Una mañana, cogió uos cuantos pasteles de arroz y subió por la ladera de la montaña. El sol calentaba y el camino era empinado. Escaló durante casi una hora antes de sentirse fatigado y pararse a comer. Después de la comida, se quedó dormido. Cuando se despertó, era bastante tarde. Le daba miedo estar en la montaña a oscuras, pero no quería que sus amigos se rieran de él, de modo que decidió bajar de la montaña y volver con una historia apasionante. De hecho, mientras se acercaba al pueblo ya había ideado una narración terrorífica.

Al llegar, se apoyó contra un árbol e hizo como si le faltara el aliento por haber ido corriendo. Los chicos y chicas no tardaron mucho en reunirse alrededor de él para escuchar lo que había sucedido. Taro les habló de su peligrosa ascensión a la cueva del ogro. Contó que el ogro andaba por la ladera de la montaña. Ante la mirada de asombro de sus amigos, él iba añadiendo datos a la historia, describiendo al ogro con detalles escalofriantes.

El ogro era más alto que un árbol y sus pisadas hacían temblar la tierra. Podía derribar árboles de un soplido. Tenía unos ojos amarillos y crueles tan grandes como los tazones de arroz. Sus dientes eran tan largos y afilados como puñales. Pero lo más terrible de todo eran sus pesadas botas. Con un solo paso, fácilmente podía aplastar una casa entera.

Taro relató cómo se había escondido detrás de una roca enorme y se había escapado de milagro cuando el ogro le descubrió. Contó a sus amigos que había vuelto al pueblo a todo correr con la esperanza de que el ogro no le persiguiera. Temía que el ogro destruyera el

pueblo y aplastase a todos. Estaba satisfecho de haber sido capaz de correr más deprisa que el ogro y haber llegado al pueblo sano y salvo.

Los chicos y chicas escuchaban cada una de las palabras de Taro. Estaban asombradísimos de lo valiente que había sido. Todos menos su hermana, Kimi. Ella sabía que Taro era un estupendo cuentista. Y también que no era tan valiente.

Los chicos y chicas del pueblo se fueron corriendo a casa y hablaron a sus padres de Taro y del ogro. Durante varios días, todo el mundo comentaba lo valiente que había sido el chico por ir a en busca del ogro. Estaban agradecidos de que hubiera sido capaz de salvar al pueblo dándole esquinazo.

Sin embargo, pronto empezaron a pensar lo terrible que sería que el ogro llegara al pueblo. Podría llevarse todos los bueyes, incluso a los habitantes. ¿Qué pasaría si pisoteara el pueblo y aplastase sus casas? ¿Qué pasaría si soplase sobre sus cosechas de arroz? El pueblo no estaba a salvo. Alguien debería alejar al ogro. Pero ¿quién? Pues Taro, por supuesto. ¿Quién más sabía dónde encontrarle? Y además, ¿no había salvado ya al pueblo del ogro una vez?

Los más viejos del lugar fueron a casa de Taro y Kimi. Le dijeron a Taro que tenía que volver a la cueva del ogro y alejarlo de sus montañas. El chico sabía perfectamente que nunca había visto al ogro. En realidad, el ogro sólo era una leyenda local. Fingiría que subía a la colina, estaría allí un rato y luego volvería y diría que el ogro se había ido. Sería fácil.

Kimi, por su parte, no estaba tan segura. Sospechaba que el bobo de su hermano jamás había visto al ogro. Pero era lo suficientemente lista como para saber que, si el ogro existía realmente, Taro se encontraría con un grave problema. De modo que, mientras Taro prometía alejar al ogro al día siguiente, Kimi comenzó a trazar un plan. Durante todo el día, los niños del pueblo acudieron junto a Taro para desearle suerte. Mientras tanto, Kimi hacía sus preparativos .

A la mañana siguiente, temprano, Taro ya estaba dispuesto para su gran aventura. Toda la gente del pueblo fue a despedirle. A la vista de todos los lugareños, que muy sonrientes le decían adiós, Taro se marchó campo a través hacia la ladera de la colina. Aunque él no lo sabía, Kimi también se había preparado. Silenciosamente, había tomado otro camino.

Taro caminó decididamente hasta que perdió de vista el pueblo. Su plan era encontrar un lugar agradable y a la sombra para comer y echar una siesta hasta la tarde. Después volvería a casa y contaría que había tenido una terrible pelea con el ogro. Según avanzaba, iba inventando una historia sobre la lucha con el ogro y cómo le había ahuyentado. Estaba tan absorto en su historia que se fue alejando más y más montaña arriba. Pronto llegó a una gran roca que había en el camino. La rodeó y buscó un lugar para comer. De pronto, se detuvo.

Allí, al otro lado de la roca, ¡estaba el ogro! Era tan alto que su cabeza sobresaldría por encima de los árboles, incluso si se sentara. Parecía como si estuviera tomando el sol. Cuando abrió la boca en un bostezo, Taro comprobó que sus dientes eran realmente tan grandes y afilados como puñales.

El chico se quedó mirándolo fijamente durante un buen rato. Le hubiera gustado echar a correr, pero estaba demasiado aterrorizado. Tampoco fue capaz de esconderse detrás de la roca, porque no podía moverse. De pronto, el ogro se estiró y se dio la vuelta. Entonces descubrió a Taro. Justo cuando éste iba a gritar pidiendo ayuda, oyó una voz familiar tras de sí.

—Ah, estás aquí, querido hermano —dijo Kimi—. Te olvidaste la comida. ¿Cómo esperas matar ogros con el estómago vacío?

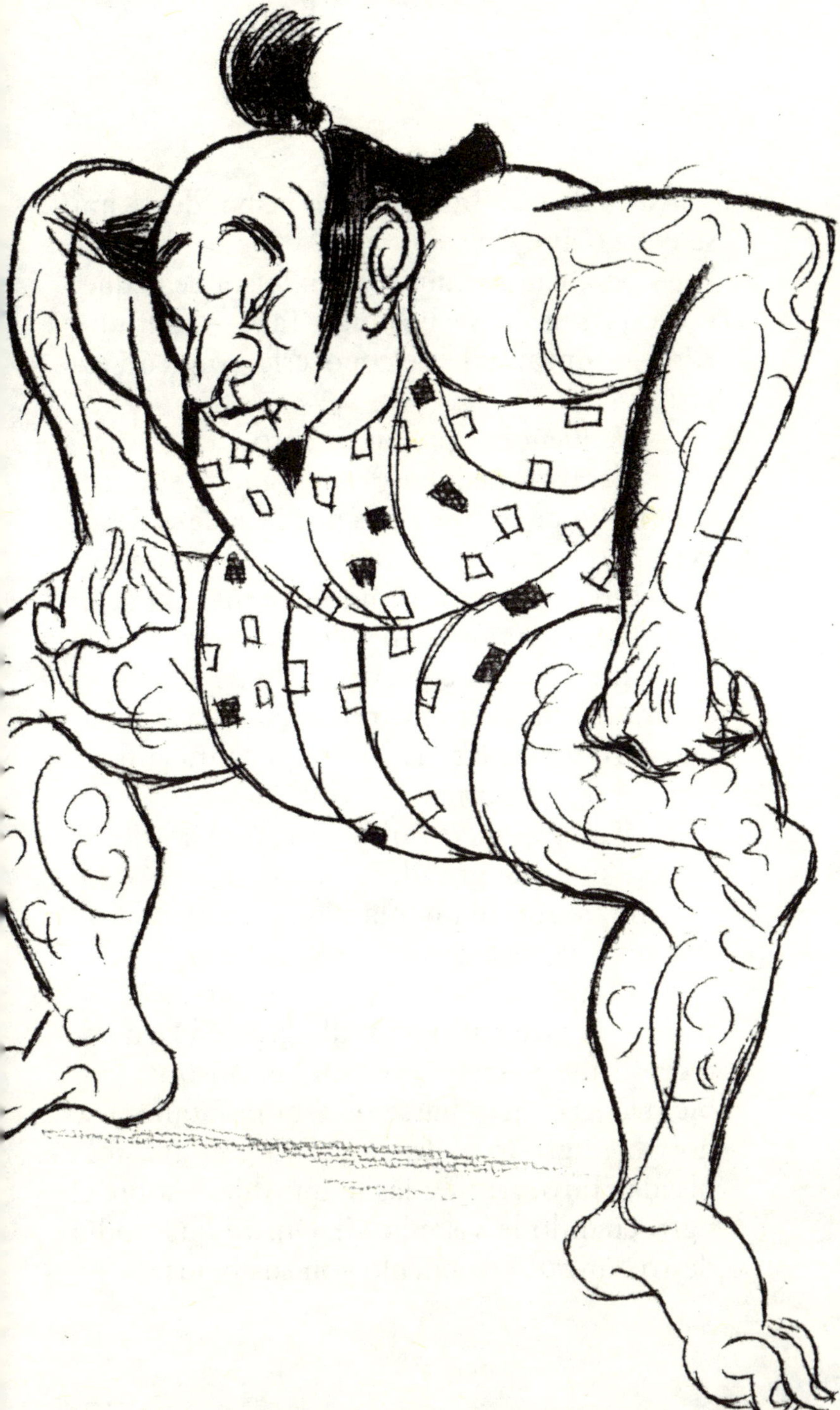

Antes de que Taro pudiera responder, Kimi se dirigió al ogro.

—No me dijiste que ibas en busca de pequeños espíritus de los bosques, Taro —continuó Kimi—. Encantada de conocerle, pequeño espíritu.

—¿Pequeño? —preguntó Taro.

—¿Espíritu pequeño? —preguntó el ogro.

—Debo pedir disculpas por la rudeza de mi hermano —dijo Kimi al ogro—. Es un famoso guerrero y le han pedido que mate al ogro que vive en esta montaña. Pero lo primero que tiene que hacer es comerse el almuerzo. Estoy segura de que compartiría su comida con usted, pero necesita toda su energía para enfrentarse al ogro enorme y terrible.

—¿Famoso guerrero? —preguntó Taro.

—¿Cómo de grande? —preguntó el ogro.

Kimi, según iba hablando, iba sacando de detrás de la roca una enorme carretilla.

—¡Oh, grandísimo! —dijo Kimi—. Y usted... —se giró para mirar al ogro—, usted parece ser un pequeño espíritu hermoso y amable. Debería marcharse de esta montaña. Ese horrible ogro le podría aplastar con una sola pisada. Taro, ¿recuerdas lo que dijiste sobre el ogro cuando le viste aquí? Dijiste que podía destrozar nuestro pueblo con sus botas.

—¿Eso dije? —preguntó Taro.

—¿Un pueblo entero bajo sus botas? —preguntó el ogro.

—Porque, el mes pasado sin ir más lejos, mi hermano mató a un ogro que tenía unos ojos tan grandes como cestas de arroz. Y dice que este ogro es aún más grande.

—¿Cestas de arroz? —preguntó Taro.

—¿Aún más grande? —preguntó el ogro.

—Ven, Taro —dijo Kimi—. Mejor, siéntate y almuerza.

Kimi sacó un pastel de arroz de la carretilla. Era el pastel de arroz más grande que Taro había visto en su vida. Apenas podía levantarlo con las dos manos.

—Puedes empezar con este bollito —dijo Kimi.

Después Kimi se subió a la carretilla. Comenzó a revolver y a hacer ruido.

—Pero si yo sé que he traído un cuchillo y un poco de jamón —murmuró entre dientes.

El ogro observaba fijamente la carretilla mientras Kimi seguía rebuscando en ella. Esta gente no le tenía ningún miedo. De hecho, estaban dispuestos a matar a un ogro mucho más grande que él, un ogro que le podía aplastar a él de un pisotón. Bueno, sólo había que ver el tamaño de aquel pastel de arroz. Realmente este chico debía de ser un gran guerrero.

Finalmente, Kimi dejó de revolver en la carretilla.

—Aquí está —dijo—. He afilado tu espada grande esta mañana. Pero sabía que no querrías utilizarla para cortar el jamón, así que he cogido de la cocina este cuchillo pequeño para la mantequilla. Aquí lo tienes —y Kimi volvió

a tapar la carretilla a continuación.

Taro observaba fijamente.

El ogro se quedó boquiabierto.

Allí estaba, reluciendo al sol, la espada del samurai. Una espada gigantesca tan alta como un hombre.

—¿Ése es el cuchillo para la mantequilla? —preguntó el ogro—. ¿Tienes una espada más grande para matar ogros?

—Por supuesto —dijo Kimi—. Mi hermano tiene una espada tremenda, increíblemente afilada, para matar ogros. Esto sólo es una minucia, un viejo cuchillo de cocina —entonces Kimi se volvió hacia su hermano—: Ahora, Taro, en cuanto termines el almuerzo, ya podemos ir en busca del ogro. Por favor, perdónenos, querido espíritu... ¿Querido espíritu?

Pero cuando Kimi se volvió para mirar al ogro, éste ya no estaba allí. No iba a esperar a que Taro desenvainara su espada. No señor, se fue a buscar una montaña en la que él fuera el único ogro, el ogro más grande, lejos de aquel mataogros y su hermana. Esperaba no volver a encontrarse con ellos nunca más. Y nunca más volvió a aquel lugar.

La hija sabia del posadero

Reescrita por Peninnah Schram a partir de un cuento popular ruso

Un día, hace muchos años, en un pequeño pueblo ruso, dos amigos, uno sastre y otro posadero, bebían té y hablaban sobre la vida. Según avanzaba su discusión, se iba haciendo más acalorada. Cada uno de ellos pretendía saber más de la vida que el otro. Sus voces se iban elevando cada vez más.

Al darse cuenta de que no podían llegar a un acuerdo ellos solos, decidieron consultar a un noble muy sabio que a menudo oficiaba como juez en asuntos semejantes. Ambos amigos terminaron el té en silencio y se pusieron en camino para visitar al noble.

Cuando el noble hubo escuchado el caso, dijo a los dos hombres:

—El que responda correctamente a estas tres preguntas será el que sabe más sobre la vida: ¿Cuál es la cosa más poderosa del mundo? ¿Cuál es la más rápida? ¿Y cuál es la más dulce? Regresad en un plazo de tres días con vuestras respuestas y yo resolveré vuestra disputa.

De camino hacia su casa, el sastre halló respuesta a las tres adivinanzas. Tenía confianza en que se le habían ocurrido las mejores respuestas, así que apenas podría esperar a que pasasen los tres días.

En cambio el posadero, al llegar a su casa, estaba preocupado por si no era capaz de encontrar las respuestas correctas.

Cuando su hija adolescente entró en la habitación y vio la cara de preocupación de su padre, le preguntó:

—¿Qué es lo que va mal, padre?

El posadero le contó lo de las tres preguntas.

Al cabo de los tres días, el sastre y el posadero llegaron ante el noble.

—¿Habéis encontrado respuesta a mis preguntas? —les preguntó.

El sastre respondió primero.

—Lo más poderoso es un caballo. Lo más rápido es un águila. Lo más dulce es la miel.

Después de que diese sus repuestas el sastre, el noble se volvió hacia el posadero.

Entonces, el posadero respondió:

—Lo más poderoso es el pensamiento. Lo más rápido es la luz. Lo más dulce es el amor de una madre a su bebé.

El noble aguardó un momento para considerar sus respuestas y entonces dijo:

—El sastre ha contestado bien; sin embargo, las respuestas del posadero son más sabias. Pero, dime —prosiguió el noble volviéndose hacia el posadero—, ¿cómo diste con esas respuestas?

—Sinceramente, he de decir que estas respuestas me las dio mi hija —respondió el posadero.

—Puesto que tu hija sabe tanto sobre la vida —dijo el noble—, la someteré a una prueba más. Dale esta docena de huevos y pídele que los empolle todos en tres días. Si lo hace, tendrá una gran recompensa.

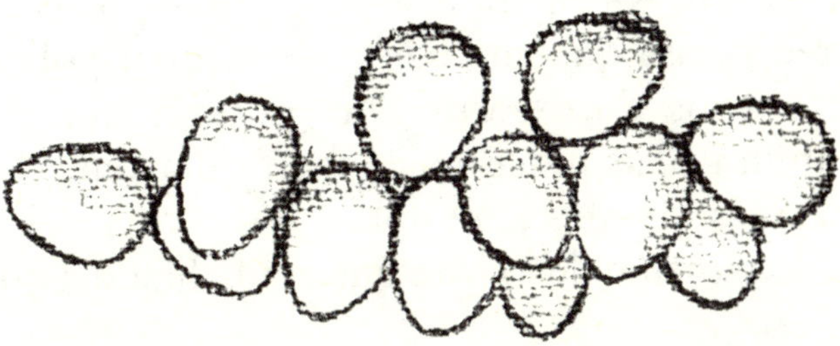

El posadero cogió los huevos con cuidado y volvió a casa. Aquella tarde se los mostró a su hija y le contó lo que había dicho el noble. Ella se dio cuenta de lo pesados que eran.

—Querido padre, estos son huevos duros. Es imposible incubarlos. Pero espera. Ya sé cómo resolver este acertijo.

La hija coció unas judías y esperó tres días. Entonces dio instrucciones a su padre para que fuera a la casa del noble y le pidiera permiso para plantarlas en su jardín.

—¿Judías? —preguntó el noble—. ¿Qué clase de judías?

Sacándolas del bolsillo, el posadero se las enseñó al noble.

—Las judías que quiero plantar son judías cocidas —dijo.

—¿No sabes que no pueden crecer matas de judías de una judía cocida? —y el noble soltó una carcajada.

—Claro —respondió el posadero—, pero, si usted piensa que mi hija puede incubar pollos de huevos duros, quizá le gustaría que yo plantara estas judías cocidas en su jardín.

Por la respuesta, el noble se dio cuenta inmediatamente de lo lista que era la hija del posadero.

—Di a tu hija que venga aquí dentro de tres días. Tiene que traerme un regalo que no sea un regalo.

El posadero regresó a su casa aún más perplejo que antes.

Cuando la hija escuchó lo que tenía que hacer, se echó a reír.

—No te preocupes, padre, ya sé qué hacer —y al día siguiente, le dijo—: Ve al mercado y compra un ruiseñor.

Esta petición desconcertó a su padre, pero amaba a su hija y sabía que era sabia, de modo que no le preguntó nada. Así que fue al mercado y compró un ruiseñor.

Al tercer día, la hija del posadero fue a visitar al noble. Mientras se acercaba a su casa, el noble la vio y salió a saludarla.

La hija del posadero extendió sus manos, mostrando el pájaro cantor que pretendía darle como regalo. El noble alargó la mano para cogerlo, pero en el preciso instante en el que la joven abrió las manos el ruiseñor salió volando. Estaba claro que había traído un regalo que no era un regalo.

El noble se echó a reír.

—¡Verdaderamente, eres muy lista! —gritó—. Querría casarme contigo, pero con una condición: tienes que prometerme que nunca interferirás en ninguno de mis juicios. Si lo haces, te volveré a mandar con tu padre.

—Me casaré contigo —dijo la hija del posadero—, pero también pongo una condición: si hago algo que provoque que me vuelvas a

mandar con mi padre, prométeme que me darás lo que más aprecie de tu casa.

Cada uno accedió a la condición del otro y se casaron.

Al cabo de cierto tiempo, un hombre fue a hablar con la joven esposa, que empezaba a tener fama por su sabiduría.

—Por favor, ayúdeme —rogó el hombre—. Necesito su consejo.

—Parece muy preocupado, señor; ¿qué le pasa? —respondió. Y el hombre le contó su historia.

—Mi socio y yo compartimos una cuadra. Él guarda su carro allí y yo guardo mi yegua. En fin, la noche pasada mi yegua parió un potro debajo del carro. Así que mi compañero dice que el potro le pertenece a él. Discutimos y reñimos y entonces consultamos a su marido. Desgraciadamente, juzgó que mi compañero tenía razón. Protesté, pero no cambió su veredicto. Ahora debo entregar el potro a mi compañero. ¿Qué puedo hacer?

La joven sintió lástima por el hombre y le dio algunos consejos. Él, siguiendo sus instrucciones, fue al pozo del noble con una caña de pescar, puso un poco de cebo en el anzuelo y soltó el hilo dentro del pozo. Cuando el noble pasó por allí y vio al hombre, se detuvo.

—¿Qué estás haciendo? —le preguntó.

—Estoy pescando en el pozo —respondió el hombre.

El noble se echó a reír.

—¿No sabes que no vas a pescar nada en un pozo? —contestó.

—Bueno, si un carro puede parir un potro, yo puedo pescar en un pozo —el noble soltó una carcajada. Luego, le preguntó al hombre—: Dime, ¿cómo se te ocurrió esa idea?

Cuando el hombre dijo «le conté mi historia a su esposa y se apiadó de mí», el noble se enfadó muchísimo y se fue a buscar a su esposa. Cuando la encontró, dijo:

—Me prometiste no interferir en mis juicios, pero no has mantenido tu promesa. Ahora tengo que devolverte a la casa de tu padre.

—Tienes razón, esposo mío —dijo ella—. Pero antes de que me vaya, cenemos juntos por última vez.

El noble accedió a esta petición.

En la cena, el noble bebió una gran cantidad de vino, porque su esposa fue llenándole la copa. Como consecuencia, comenzó a adormecerse en seguida. En cuanto se quedó dormido, la esposa dijo a los sirvientes que le subieran y le colocaran en el carruaje junto a ella, y regresaron al hogar paterno.

A la mañana siguiente, el noble, al despertarse, miró a su alrededor y se dio cuenta de dónde estaba.

—¿Cómo he llegado aquí? ¿Qué significa esto? —gritó.

—Querido esposo, deberías recordar que llegamos a un acuerdo en el que me prometiste que, si me enviabas de vuelta a casa de mi padre, yo podía llevarme lo que más apreciase de tu casa. Lo que más aprecio de tu casa eres tú. Así que por eso te he traído conmigo.

El noble se echó a reír.

—Ahora que sé todo lo que me quieres —abrazó a su mujer—, y me doy cuenta también de lo que yo te quiero. Volvamos a nuestra casa.

Y regresaron a su casa, donde vivieron felices, con amor y respeto, durante muchos años.

Reales Justas

Una historia original de Bruce Lansky

Lady Rowena miró la silla vacía junto a la mesa a la hora del desayuno y luego miró a Lindsey.

—¿Dónde está tu hermano? Si no se da prisa, llegará tarde al torneo.

—No te preocupes, madre. Reggie no se quiere perder la final de las Justas Reales. Iré a avisarle —respondió Lindsey.

Cuando Lindsey llamó a la puerta del dormitorio de Reggie, le pareció escuchar un gemido. Al abrir la puerta, se fijó en que las cortinas de Reggie estaban echadas. Todavía estaba en la cama. Una vez dentro de la habitación, se dio cuenta de que estaba gimiendo y hablando solo.

—¡Ay, no me puedo mover! —se lamentaba Reggie una y otra vez.

—No te puedes quedar en la cama, Reggie. Hoy es el último día del torneo, así que mejor será que saques tu dolorido cuerpo de la cama y lo metas en tu armadura. Y luego cabalgues hasta North Hampton antes del mediodía o quedarás descalificado.

—Me gustaría, pero no puedo. Ayer me golpeó el caballo de sir Garth. No sé ni cómo me mantuve en la silla. Ahora no puedo cabalgar, no puedo andar, ni siquiera me puedo levantar de la cama —explicó Reggie.

—Reggie, hoy es el último día del torneo y hasta ahora nadie te ha vencido. Ésta es tu gran oportunidad. Por lo menos haz un intento.

—Lo siento —dijo Reggie—. No me gusta defraudarte. ¿Te importaría ir a North Hampton a decir a los oficiales del torneo que abandono la competición?

—No hay ningún problema, Reggie. De todas formas pensaba ir a ver cómo ganabas. Nadie en el torneo ha trabajado tanto como tú. Me gustaría ocupar tu puesto y traerte el trofeo.

—¡A mí también! —dijo Reggie—. Lástima que no dejen competir a las chicas.

Lindsey reflexionó sobre lo que le había dicho su hermano. Le molestaba que Reggie tuviera que retirarse del torneo el día de la final. Reggie y ella habían estado entrenando todo el año. Todos los días que el tiempo lo permitía, el paje de Reggie, Giles, los ayudaba a embutirse en la armadura y los izaba a los corceles, de modo que pudieran combatir con lanzas acolchadas. Reggie era más grande y más fuerte que Lindsey, pero Lindsey era una experta amazona, muy capaz de guiar su caballo con precisión al lugar correcto en el momento exacto. Era casi imposible golpear y descabalgarla. Y Giles sabía mantener la boca cerrada y no contar nada de una chica que conocía las artes caballerescas.

—No te importa que me lleve tu corcel para el viaje, ¿verdad? —preguntó Lindsey.

—No, claro —respondió Reggie, a pesar de que no era lo habitual cabalgar un corcel para ir a la ciudad—. A Relámpago le vendrá bien el ejercicio.

—Gracias, Reggie. Les transmitiré un mensaje que no olvidarán con facilidad.

Lindsey explicó a su madre que Reggie le había pedido que informara a los oficiales del torneo de que él no estaba en condiciones de competir. Entonces se apresuró a buscar a Giles, porque sin un paje que la ayudase no podría llevar a cabo su plan.

Giles ayudó a Lindsey a ponerse la armadura de Reggie y a montar a Relámpago. Los dos juntos partieron al trote camino de North Hampton.

Lindsey y Giles llegaron a North Hampton en el momento justo de comenzar el torneo. La multitud se arremolinaba con un humor festivo, mientras los caballeros se encaramaban en sus cabalgaduras. Nadie se dio cuenta de que Lindsey (disfrazada de Reggie) ya había montado.

La expectación aumentaba cada vez que uno de los contrincantes cabalgaba por el campo. Habría tres enfrentamientos en la primera ronda, cuatro en la segunda y dos en la tercera. Lindsey había quedado emparejada con Sir Wilton, uno de los caballeros más altos de la competición, en la primera ronda.

Con el yelmo puesto y la visera bajada, Lindsey pasó cabalgando ante los oficiales del torneo, inclinando la lanza en el saludo tradicional al rey y a la reina. Después se alineó sustituyendo a Reggie en el extremo del campo, frente a sir Wilton. Las trompetas tocaron una fanfarria y dio comienzo el torneo.

En la primera pasada, Lindsey se agachó bajo la lanza de sir Wilton y se las ingenió para golpearle en el hombro. Aunque sir Wilton quedó aturdido, se mantuvo en su montura.

En la segunda pasada, Lindsey condujo a Relámpago hacia la parte interna de sir Wilton, cuyo caballo se espantó. Sir Wilton dejó caer la lanza, mientras agarraba con ambas manos las riendas para recobrar el control de su caballo. Entonces fue cuando la lanza de Lindsey le golpeó y le derribó de su cabalgadura.

Según la costumbre, Lindsey llegó cabalgando donde estaban sentados el rey y la reina, y de nuevo bajó su lanza. Un murmullo de sorpresa surgió entre la multitud cuando ella no se levantó la visera. A Lindsey no le importaba, lo haría en el segundo combate.

Su contrincante siguiente fue sir Rockwell, el campeón del año anterior. Cuando Lindsey se alineó al final del campo frente a él, se planteó cómo podría descabalgar a un rival tan experto. Sonaron las trompetas y ambos caballos galoparon uno hacia el otro a un ritmo suicida.

De repente, Lindsey frenó a Relámpago. El caballo relinchó y clavó en el suelo sus pesadas pezuñas. Sir Rockwell apartó su lanza evitando golpear a Relámpago, porque herir a un caballo significaba automáticamente la descalificación. Lindsey tenía preparada su lanza cuando sir Rockwell pasó fugazmente ante ella. El golpe que le asestó fue certero. Cayó pesadamente y no logró levantarse. Parecía in-

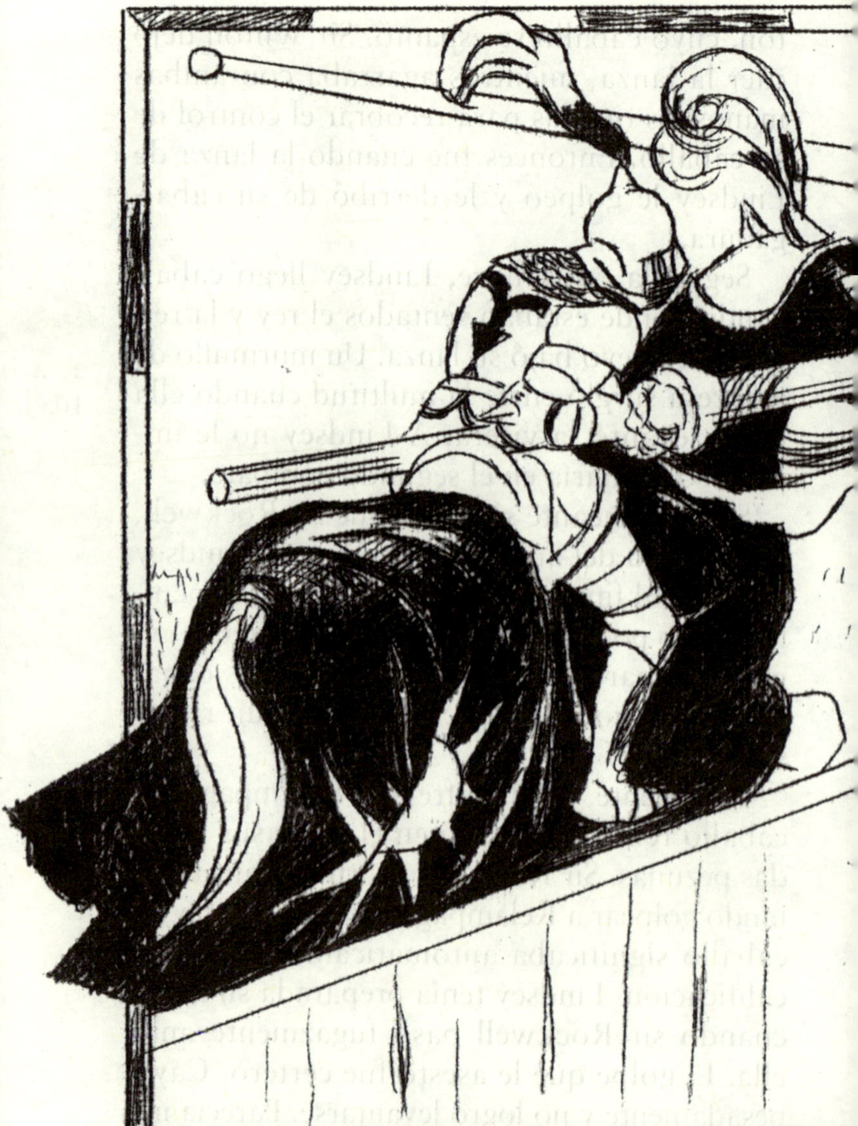

consciente cuando su paje le sacó del campo, pero un cubo de agua fría le reanimó de inmediato.

De nuevo, Lindsey saludó al rey y a la reina. Y de nuevo mantuvo su visera bajada. Esta vez la multitud prorrumpió en gritos. La gente se preguntaba por qué Reggie no admitía los halagos de la pareja real y el aplauso de la multitud mostrando su rostro.

Después, Lindsey observó cómo competían los otros semifinalistas, y vio a sir Gavilan descabalgar a su contrincante en una pasada sencilla. La multitud aclamó a sir Gavilan en el momento en que él levantó su visera e inclinó su lanza ante el rey y la reina. Estaba claro que iba a ser el favorito del público en las finales.

Cuando tanto Lindsey como sir Gavilan montaron sus caballos para el combate final, él le dijo:

—Si no queréis levantar vuestra visera, tendré que quitaros el yelmo de un golpe.

Lindsey se fue hacia el extremo del campo sin decir ni una palabra.

—¿Estáis mudo? —le gritó sir Gavilan. De nuevo, Lindsey no contestó.

Al sonar las trompetas para dar comienzo al combate final, sir Gavilan salió a todo galope. Pero Lindsey simplemente fue hacia él al trote y luego se detuvo. Sir Gavilan se quedó confuso y bajó su lanza. De repente, Lindsey espoleó a Relámpago y habría golpeado directamente a sir Gavilan si éste no se hubiera protegido con el escudo. Resbaló hacia la derecha y estuvo a punto de perder el equilibrio, pero consiguió permanecer sobre el caballo gracias a sus robustas piernas.

La sonrisa de sir Gavilan había desaparecido de su rostro. Estaba preocupado mientras se preparaba para la segunda pasada. Al sonido de las trompetas, los respectivos caballos se volvieron a enfrentar. Esta vez, sir Gavilan no bajó la guardia. Mantuvo su lanza apuntando directamente a Lindsey. Y aunque Lindsey se apartó de él, no bajó su lanza.

En vez de intentar golpearle con su propia lanza, Lindsey puso toda su fuerza y la de Relámpago en su escudo cuando le alcanzó la lanza de sir Gavilan. El escudo chocó contra la lanza con una fuerza terrible y el golpe hizo saltar la lanza de la mano de sir Gavilan. Chocó contra el suelo y allí quedó. Sin la lanza, sir Gavilan tuvo que desenvainar su espada para la tercera pasada. Ahora estaba en clara desventaja. Dirigió valientemente su caballo hacia Lindsey, intentando acercarse para luchar.

Pero Lindsey se apartó para mantener su ventaja y golpeó a sir Gavilán con su lanza, haciéndole caer de la silla.

Lindsey había ganado. El torneo había concluido.

Ante una creciente oleada de vítores, Lindsey se fue cabalgando hasta la tribuna y saludó con la mano para agradecer la ovación. Sin levantarse la visera, desmontó e hizo una reverencia al rey y a la reina. Entonces la reina presentó el trofeo de ganador a Lindsey, que lo alzó por encima de su cabeza mientras la multitud aplaudía clamorosamente.

Luego, Lindsey montó a Relámpago y cabalgó alrededor del campo, manteniendo el trofeo en alto. Cuando regresó a la tribuna, devolvió el trofeo al juez principal para que así lo pudieran grabar y galopó feliz hacia casa.

Aquella tarde, un oficial del torneo llegó a su casa y pidió ver a sir Reginald. Lady Rowena le saludó a su vez, haciéndole pasar y añadiendo:

—Reggie no está en condiciones de recibir visitas. Dígame a mí qué es lo que le ha traído hasta aquí, por favor.

—Soy sir William, juez principal de las Reales Justas. Estoy aquí para entregar el trofeo del campeonato a sir Reginald. Su nombre está grabado en plata.

—Me temo que se ha equivocado, señor. Reggie tuvo que abandonar. Ha estado en cama todo el día.

Sir William se quedó desconcertado.

—Esto es bastante confuso. Todos hemos visto a sir Reginald ganar tres justas y descabalgar a sir Wilton, a sir Rockwell y a sir Gavilan. La reina en persona le entregó el trofeo.

—¿Está usted completamente seguro de que era Reggie? —preguntó lady Rowena.

—Bueno, montaba el mismo caballo en el que lo había hecho toda la semana y llevaba su armadura habitual...

—Pero ¿vio su cara en algún momento? —interrumpió lady Rowena.

—Ahora que lo menciona, sir Reginald produjo cierto revuelo al no alzarse la visera ante el rey y la reina. Si tengo que decir la verdad, resulta bastante extraño —respondió sir William.

—¡Lindsey, ven aquí ahora mismo! —la voz de lady Rowena retumbó por todo el castillo. Lindsey apareció rápidamente, como si hubiera estado escuchando la conversación.

—Lindsey, ¿no informaste a sir William de que Reggie estaba herido y de que tenía que abandonar el torneo?

—No, madre, no lo hice.

—¿Fuiste a North Hampton montada en Relámpago, el caballo de Reggie?

—Sí, madre.

—Por casualidad, ¿no llevarías puesta la armadura de Reggie?

Lindsey miró primero a su madre y después a sir William:

—Sí, madre.

—Lindsey, estoy orgullosa de ti —lady Rowena sonrió a su hija. Volviéndose hacia sir William, le dijo—: Tengo el placer de comunicarle que mi hija Lindsey y su hermano Reggie han ganado juntos las Reales Justas.

—Esto es bastante irregular. De hecho es..., es... ¡inaudito! —balbuceó sir William.

Ahora tomó la palabra Lindsey:

—No me habrían permitido competir si hubiera pedido reemplazar a Reggie. Así que me hice pasar por él y mantuve mi visera bajada de modo que no me reconocieran.

Sir William frunció el ceño.

—Sir William, le debería recordar su deber como juez principal de felicitar a los ganadores —dijo lady Rowena con una amplia sonrisa.

Sir William estrechó la mano de Lindsey de mala gana.

—En cualquier caso, hay que felicitarlos —respondió.

—Supongo que no le importará volver a llevarse el trofeo y grabar el nombre de Lindsey junto al de Reggie, ¿verdad? —preguntó lady Rowena.

—Dadas las circunstancias, no creo que tenga otra opción —respondió el aturdido juez.

Lindsey se moría de ganas por contar a Reggie que habían ganado las Reales Justas juntos, pero no le pudo despertar de su sueño tan profundo. De modo que las buenas noticias tuvieron que esperar hasta la mañana siguiente.

LAS MIL Y UNA NOCHES DE CHARDAE

Adaptación de Craig Hansen de la historia de Scherezade de Las mil y una noches

Cuando el sultán Malik llegó al poder, el pueblo de Persia se regocijó. A diferencia de su padre, un gobernante severo y despiadado, Malik escuchaba a sus súbditos y a menudo liberaba a aquellos que habían sido falsamente acusados de un delito.

Mucha gente también admiraba a la adorable esposa del sultán, Kalila, al considerar que lo que le hacía gobernar de forma tan sabia era su gran amor por ella. Kalila era todo lo que Malik podía querer en una esposa: una anfitriona amable, una cantante con talento, una consejera sensata y una amiga digna de su confianza.

Durante siete años, Malik y Kalila gobernaron Persia con equidad y justicia. Después, en la estación de las lluvias del séptimo año, Kalila cayó enferma de gravedad. Los doctores de la corte hicieron lo que pudieron por salvarla, pero todo fue inútil. La enfermedad se apoderó tan rápidamente de Kalila que murió al cabo de una semana.

El sultán ordenó construir un monumento en memoria de su amada esposa y, al finalizar la estación de las lluvias, la enterró debajo del monumento en la esquina oriental del patio del palacio. Todo el pueblo de Persia lloró con su gobernante. La noche del entierro, cuando estaba solo junto a la tumba, Malik juró:

—Por Alá, jamás amaré a otra mujer como te he amado a ti, Kalila.

Durante un año entero el sultán no dejó de llorar por su esposa muerta. Todos los días pasaba horas sentado junto a su tumba. Empezó a descuidar sus obligaciones oficiales y hasta llegó a utilizar malos modos con los que acudían ante su presencia para pedir justicia.

El pueblo de Persia estaba preocupado porque Kalila no había dado a luz ningún heredero. A pesar de ello, el sultán no mostraba signos de querer casarse de nuevo. Finalmente, Jamal, el gran visir y el consejero de mayor confianza del sultán, se enfrentó a Malik.

—¡Oh, gran sultán, que gobiernes eternamente! —dijo Jamal—. Si se me permite ser así de osado, ¿no piensas que ya es hora de tomar una nueva esposa?

—¿Por qué debería tomar una nueva esposa? —preguntó Malik con cansancio y amargura—. La mujer a la que amaba murió. ¿Quién podría reemplazarla?

—Eso tú no te lo puedes permitir, Malik. Tú eres el sultán. El pueblo espera que tengas un heredero sabio y benévolo que siga tus pasos.

Malik se iba agitando cada vez más, porque comprendía el valor del consejo de Jamal.

—Puede que tengas razón. Ve a buscarme una nueva esposa. Te concederé un año. Pero sé cauto: haré esto por mi pueblo, pero no puedo volver a amar.

De este modo, Jamal emprendió un viaje a través del gran país en busca de una mujer que pudiera complacer al todavía afligido sultán. Habló con muchas mujeres, las cuales estaban deseosas de casarse con el sultán. Al cabo de un año, Jamal regresó con la mujer que a él le parecía que más podría complacer a Malik.

—¡Oh gran sultán, que gobiernes eternamente! —dijo Jamal con una reverencia—. He concluido mi viaje y he aquí que te presento a Rihana, hija de Salim, tu súbdito más fiel de las montañas del Norte.

Cuando entró Rihana, Malik se sorprendió, porque era exactamente igual que Kalila.

—Me has servido bien, Jamal —dijo Malik—. Que comiencen los preparativos de la boda.

Hay que decir que en el país existía la costumbre de que, si la esposa disgustaba al marido, éste podía obtener el divorcio si se lo decía a ella tres veces. Entonces, estas mujeres estaban obligadas a regresar a la casa de su padre deshonradas, sin poder volverse a casar. Nadie recordaba que un sultán se hubiera divorciado de su esposa, porque no solamente producía la vergüenza de la mujer, sino también la del trono real.

La noche de la boda, Malik le pidió a Rihana que le cantara una canción antes de irse a la cama, igual que hacía su amada Kalila.

—Lo siento, pero mi canto es muy malo, temo ofender vuestros oídos —dijo Rihana.

Ante esto, Malik se enojó y le dijo a Rihana:

—Me divorcio de ti.

Al día siguiente, Malik invitó a unos visitantes de un reino lejano a una gran fiesta ofrecida en su honor. Cuando llegaron, Rihana no los acogió de la forma acostumbrada porque nadie le había enseñado las costumbres del protocolo real. De nuevo, el sultán se enojó.

—Me divorcio de ti —dijo a Rihana delante de sus invitados.

Poco tiempo después, cuando Malik le dijo a Rihana que tenía que abandonar la corte unos días para controlar la defensa de una provincia que había sido atacada por fuerzas enemigas, ella dejó escapar:

—Por favor, no me dejes.

Entonces Malik supo que había cometido un error.

—Eres una mala consejera —le dijo a su es-

posa— porque antepones tus necesidades a las del pueblo de Persia —luego, por tercera vez, le dijo—: Me divorcio de ti. Vete, regresa a la casa de tu padre —y ésta así lo hizo.

Al día siguiente Malik, enormemente enojado, recibió al gran visir.

—¿Cómo me pudiste decepcionar así? Puede que Rihana se parezca mucho a Kalila, pero no posee ninguna de sus cualidades. Ve a buscarme una esposa mejor.

Así pues, una vez más, Jamal buscó por todo el país una mujer que pudiera complacer al sultán. Al cabo de un año regresó con otra joven.

—¡Oh gran sultán, que gobiernes eternamente! Te presento a Medina, hija de Khalil, tu siervo más fiel en el desierto meridional. Ha sido bien educada en las obligaciones de la esposa de un sultán.

Medina también tenía un considerable parecido con la primera esposa, Kalila, y poco tiempo después se casaron. Según pasaban los días, Medina parecía cubrir las más altas expectativas de Malik. Era una anfitriona amable y demostró ser una consejera sensata. Ya había transcurrido un mes y, aunque Malik no amaba a su nueva esposa, comenzó a confiar en ella. Una noche, tras terminar de cantar para él, Malik dijo a Medina:

—Por favor, comprueba que no hay serpientes en la habitación.

Medina registró la habitación y, al no encontrar ninguna, aseguró al sultán que no había motivo de preocupación.

—No le cuentes esto a nadie —le dijo él—, pues no quiero que otros piensen que tengo miedo de las serpientes.

Medina aceptó, pero al día siguiente el sultán la encontró comentando el asunto con Jamal. Malik se puso furioso. Miró lleno de ira a Medina.

—¡Me has traicionado, Medina! —gritó—. ¡Me divorcio de ti, me divorcio de ti, me divorcio de ti! Ahora, vete y regresa a la casa de tu padre.

Medina abandonó el palacio sumida en llanto. Jamal se encaró con el sultán.

—¡Oh gran sultán, que gobiernes eternamente! Tú sabes que la ley dice que un hombre sólo puede tener cuatro esposas. Tú ya has tenido tres. No puedes divorciarte de todas las mujeres que yo te traiga.

—¿Quién me detendrá? —preguntó Malik, porque su corazón se había ido endureciendo cada vez más—. Yo soy el sultán. Yo hago las leyes. Si deseo casarme con todas las mujeres del reino y divorciarme de ellas, lo haré. Ahora, vete y encuéntrame una nueva esposa.

Al salir del palacio para preparar su nuevo viaje, el gran visir estaba triste. Pensaba que ninguna mujer podría conquistar el corazón del sultán. La fama de su horrible carácter se había extendido por toda Persia a mayor velocidad que a la que le pudiera llevar su camello. Y ninguna mujer accedería a casarse con el sultán porque todas le temían.

Ahora bien, el gran visir tenía dos hijas. La más joven de ellas, Dayana, era una joven sencilla que disfrutaba con las tareas y los placeres de la vida cotidiana y no tenía ningún deseo de vivir en un palacio. Pero la hija mayor del gran visir, Chardae, no solamente era bella y sensata, sino también libre como el viento. Había pasado varios años recorriendo mundo.

Así que cuando Jamal regresó de su infructuoso viaje para encontrar una cuarta esposa para el sultán, le recibieron en la puerta Dayana y Chardae, que había regresado recientemente de sus viajes.

—Hija, has regresado a casa —le dijo Jamal con alegría, y la abrazó efusivamente—. ¿Has sentado la cabeza y has abandonado tu conducta rebelde?

—Padre —respondió Chardae con una sonrisa—, tú eres el único que me ha llamado rebelde. Ya te conté cuando me marché que quería ver mundo y así lo hice. ¿Qué hay de malo en ello?

—Nada, pero viajar sola no es apropiado para una mujer.

—Ésa es una regla absurda —dijo Chardae—. Además, iba vestida de hombre y viajaba con un grupo de narradores de historias. Nunca estuve sola. Padre, los paisajes que contemplé y las historias que te podría contar de lejanas tierras y extrañas gentes te mantendrían embelesado durante muchas noches. Pero ya veo que todavía no lo apruebas, así que no hablaré más de ello. No he vuelto para discutir contigo.

—Entonces, ¿qué me has traído, pequeña? —preguntó Jamal.

—Me han llegado noticias de la muerte de la esposa del sultán y de los problemas que esto ha supuesto para el pueblo de Persia. ¿Cómo le va al sultán?

Y de este modo, Jamal contó a su hija mayor sus dificultades para encontrar una esposa adecuada para el sultán. Cuando terminó, dijo:

—Y ahora he fracasado en mi obligación de encontrar a alguien lo suficientemente parecida a Kalila para que complazca a Malik.

—Quizá sea ésa la razón de tu fracaso, padre. Yo conocí a Kalila. Ella tenía personalidad propia. Nadie podría compararse a ella.

—Entonces, ¿qué esperanza hay? —exclamó el gran visir.

—No te preocupes —respondió Chardae—. Me casaré con el sultán.

—¿Has perdido la cabeza? —gritó Jamal—. ¡No te pareces en nada a su primera mujer! Se divorciará de ti al momento y quedarás deshonrada, exactamente igual que las mujeres anteriores.

—No te aflijas, padre. Tengo un plan. Regresé a este país con la esperanza de casarme con Malik. Ya he viajado bastante como para toda una vida. Ahora quiero casarme.

—Entonces, cásate con otro. Cásate con alguien que no se divorcie de ti y te deje deshonrada.

Pero Chardae no vaciló.

—No hago esto sólo por mí, padre, sino por las mujeres de Persia. Tú me has contado la intención del sultán de casarse con todas las mujeres del país y luego divorciarse de ellas. No puedo permitir que depare tal deshonra a mis hermanas.

—Muy bien —dijo Jamal al darse cuenta de que no podría persuadir a Chardae de que renunciase a su plan—. Sigues tan testaruda como siempre pero, puesto que no tengo otra novia que ofrecerle, te presentaré al sultán mañana mismo. Ahora, por favor, cuéntame tu plan.

—Dentro de un momento, padre. Primero, le tengo que pedir algo a mi hermana —Chardae se volvió hacia ella—: Dayana, ¿me ayudarás con mi plan para la boda y después de ella? Si no, fracasaré.

Dayana estuvo completamente de acuerdo. Había echado mucho de menos a su hermana los años en que Chardae había estado viajando y no le apetecía verla deshonrada. De modo que Chardae explicó su plan para evitar la ira del sultán.

A la mañana siguiente entró en la corte del sultán, que se hallaba de un humor endiablado.

—Has estado fuera un año, Jamal —dijo Malik sin guardar el protocolo—. ¿Me has encontrado una nueva esposa?

—¡Oh gran sultán, que gobiernes eternamente! —dijo Jamal con cortesía—. Te presento a mi propia hija, Chardae.

Malik se sorprendió.

—¿Estás loco, Jamal? —gritó cuando la hija del visir entró en la corte—. ¿Has olvidado mi promesa de no volver a enamorarme nunca más?

Pero antes de que Jamal pudiera responder, Chardae comenzó a hablar:

—Sultán, ésta es mi oportunidad de casarme contigo. Si no os complazco, aceptaré vuestra decisión.

Malik la miró airadamente.

—Ninguna mujer viva puede complacerme. Más te valdría atarte al cuello una piedra de molino y tirarte al mar.

Chardae no alteró su compostura.

—No me importa que haya tan pocas esperanzas; sigo queriendo casarme contigo.

—Muy bien —dijo Malik—. Celebraremos la boda hoy mismo.

Y así lo hicieron. Aquella noche, después de la boda, Dayana estaba ayudando a su hermana a instalarse, cuando entró Malik en la habitación. Ordenó a Dayana que se marchara, pero ella pidió un favor al sultán.

—¡Oh gran sultán, que gobiernes eternamente! —dijo Dayana—. Sólo te pido una cosa. Mi hermana ha estado bastante tiempo fuera. Antes de separarme de ella, concédeme el favor de escuchar uno de los relatos de sus viajes y de los pueblos que conoció en ellos.

El sultán se lo pensó.

—No veo nada malo en ello —dijo—. Muy bien. Si Chardae quiere, puede hablar de esos viajes.

—Sí que quiero, querido esposo —respondió Chardae. Y de este modo comenzó a relatar una historia fascinante sobre un niño campesino y una lámpara maravillosa. Dayana escuchaba con gran placer y, según se hacía más emocionante la historia, hasta el sultán deseaba oír qué iba a suceder después. Pero cuando la historia alcanzó el momento más emocionante, Chardae bostezó.

—Estoy agotada —dijo—. Terminaré el relato en otro momento.

—Pero tengo que saber cómo termina —insistió Malik.

—De verdad que lo siento, querido esposo, pero no puedo tener los ojos abiertos ni un minuto más.

—Muy bien —concedió Malik.

La segunda noche, cuando terminó el relato de la lámpara maravillosa, tanto el sultán como Dayana aplaudieron.

—Tienes que contar otro —insistió Dayana, y el sultán estuvo de acuerdo.

Esta vez, Chardae contó la historia de un joven que descubrió una alfombra que podía volar y proporcionarle viajes increíbles a través de grandes distancias. Una vez más, en el momento más apasionante de la historia, Chardae bostezó e insistió en que se tenía que ir a dormir antes de continuar su relato.

—De acuerdo —dijo Malik—. Pero tienes que prometerme que, mañana por la noche, me contarás cómo termina.

La tercera noche, Chardae terminó su historia y esta vez fue el propio sultán el que le pidió que contara otra. Así que Chardae comenzó un tercer relato sobre un muchacho ingenioso que burló a cuarenta ladrones. Y nuevamente, en el momento más emocionante, Chardae pidió permiso para retirarse y el sultán se lo concedió.

Y así fue pasando una noche tras otra. Cada

vez que Chardae terminaba una historia, Dayana o el sultán insistían en que contara otra. Y cada vez que la narración alcanzaba su punto culminante, Chardae se detenía hasta la noche siguiente.

Según iban pasando los días, Chardae se enfrentó a muchas situaciones en las que fueron puestas a prueba sus habilidades diplomáticas como mujer de un sultán. Algunas veces las superó brillantemente, sobrepasando incluso las expectativas de Malik. En otras, se quedaba corta por no haber sido educada en el arte de gobernar como lo había sido Kalila. Cada vez que Chardae fracasaba, Malik la llamaba y le decía: «si me divorciara de ti tendría toda la razón», pero entonces recordaba el cuento que Chardae le había contado la noche anterior, y tanto deseaba saber el desenlace que la perdonaba.

Fue pasando el tiempo y los errores de Chardae iban siendo cada vez menos, hasta que su destreza ayudando a gobernar a Malik sobrepasó la de Kalila. Pronto Malik tomó la costumbre de pedir a Chardae que repitiese alguna de sus historias a los visitantes de tierras extranjeras. La fama de la esposa del sultán y sus fascinantes historias se extendió por todo el mundo. Y nunca contaba una historia que no hubiera terminado de narrar a Malik. Las narraciones de Chardae duraron mil y una noches.

—El tiempo te ha probado, Chardae —dijo Malik cuando terminó su último cuento—. No te pareces en nada a mi amada Kalila pero, a pesar de todo, he llegado a quererte. Vamos a tener un heredero para demostrar nuestro amor.

Y así lo hicieron.

Durante el resto de sus días, el sultán gobernó con equidad y justicia, igual que lo había hecho en su juventud. Y de este modo se salvó el reino de Persia. La esposa del sultán, Chardae, fue conocida como Scherezade, que significa «salvadora de su pueblo». Las historias que narraba se escribieron y fueron conocidas como *Las mil y una noches.*

Lian y el unicornio

Una historia original de Vivian Vande Velde

Hace mucho tiempo, Lian vivía en el palacio del emperador chino y ayudaba a sus padres a preparar la comida en las cocinas imperiales. En sus catorce años de vida nunca se había encontrado con el príncipe. Bueno, en realidad le había visto ocasionalmente y había podido comprobar que era amable y que siempre iba rodeado de amigos y ayudantes. Ella había ayudado a preparar comida para sus muchas fiestas y banquetes. Pero a diferencia del emperador, que se creía en la obligación de dar las gracias al personal de las cocinas al comienzo del festival de Año Nuevo, o de la de emperatriz, que daba regalos a los sirvientes de palacio por su cumpleaños, el príncipe siempre estaba demasiado ocupado para entrar en la cocina.

Por ello, a Lian le sorprendió verle una tarde de primavera cuando había salido a la pradera a coger flores para la mesa del emperador.

Según se acercaba a ella, Lian pudo ver que era incluso más apuesto de lo que había pensado. Llevaba un precioso vestido de seda tejido con hilo rojo y una chaqueta de seda bordada con dragones. De repente se dio cuenta de que tenía manchas de hierba en las rodillas de su sencillo vestido de criada y de que se le había soltado la trenza.

—Majestad imperial —saludó al príncipe, haciendo una reverencia.

El príncipe se llevó un dedo a los labios, y entonces sacudió la cabeza y dijo:

—Demasiado tarde.

—¿Demasiado tarde para qué, Majestad? —preguntó Lian, volviéndose a inclinar.

—Había un ciervo en el extremo del prado —explicó el príncipe—. Se fue corriendo cuando tú hablaste.

Lian asintió.

—Vienen muchos animales al prado cuando trabajo en silencio: tejones, ardillas, ciervos...

—¿Y unicornios? —interrumpió el príncipe.

—Sí —dijo Lian, sorprendida por lo que le había preguntado.

—Yo nunca he visto un unicornio —dijo el príncipe—. A pesar de que estoy callado.

—¡Ah! —dijo Lian—. Es porque a los unicornios no les gusta el silencio. Les gusta la música.

—¿Música? ¿Qué quieres decir?

Lian puso en el suelo su cesta de flores y se puso a hurgar en las mangas de su vestido. Sacó la pequeña flauta de madera que le había dado la emperatriz cuando cumplió diez años. Se sentó en la hierba y tocó una suave melodía.

—Es muy bonita —dijo el príncipe mientras se sentaba a su lado—. Continúa.

—Pero tengo que coger flores y fregar cacharros y...

El príncipe hizo un gesto desenfadado.

—Eso lo puede hacer cualquiera. Toca.

A fin de cuentas, era el príncipe, así que Lian tocó. Tocó durante un buen rato. Hasta que de repente escuchó que el príncipe respiraba con mucha agitación.

Lian miró levantó la vista y vio a un unicornio asomándose entre dos árboles en la linde del prado.

—Continúa —susurró el príncipe.

Lian siguió tocando y el unicornio se acercó más (mucho más de lo que antes se le había acercado un unicornio). Lian pensó que se debía a que la música era muy alegre. A fin de cuentas, estaba sentada allí, en el prado junto al mismísimo príncipe.

El unicornio se acercó aún más. Lian contuvo el aliento asombrada y casi pierde el ritmo porque, cuanto más se acercaba la criatura, la encontraba más hermosa de lo que había imaginado. Era del tamaño de un caballo pequeño, de un blanco puro, con un cuerno que parecía de oro más que cualquier objeto de los que había en palacio. Y sus ojos eran verdes, del color del jade. Los vio con claridad, porque el unicornio la miró a ella directamente.

—Sigue tocando —le dijo el príncipe con un susurro.

El unicornio sacudió la cabeza y golpeó el suelo con las patas como si estuviera nervioso, pero aún se acercó más, hasta que se puso justo delante de Lian y del príncipe. Entonces, el unicornio se tumbó en la hierba a sus pies, escuchando la música de Lian, oliendo las flores silvestres. Lian no pudo resistir la tentación de acercarse y acariciarlo. Sus crines eran tan suaves como parecían. El unicornio se estremeció, pero al mismo tiempo permaneció inmóvil.

Lian observó a algunas personas que miraban desde el extremo de la pradera.

—Sigue tocando —dijo el príncipe antes de que ella pudiera preguntar quiénes eran—. Son mis ayudantes.

Lian no entendía por qué estaban tan cerca tantos criados. Se volvió hacia el príncipe y vio que ahora tenía en la mano una cuerda que había ocultado en el bolsillo de la chaqueta.

Lian se apartó la flauta de los labios.

—No —dijo, aun siendo consciente de que se estaba dirigiendo al hijo del emperador. De repente, la flauta cayó de sus manos como un pedazo de hielo.

Pero ya era demasiado tarde. El príncipe hizo un lazo con la cuerda alrededor del cuello del unicornio, que seguía sin moverse y sólo la miraba a ella.

—Gracias —le dijo el príncipe, como si ella le hubiera ayudado.

—Lo siento —le murmuró al unicornio al oído. ¿Entenderían los unicornios el lenguaje humano? Buscó fuerzas para enfrentarse cara a cara con el príncipe.

—No le vais a hacer daño, ¿verdad? —le preguntó, sintiéndose culpable por su complicidad en la captura.

—Por supuesto que no —dijo el príncipe—. Quiero construir un zoo. En él habrá un ejemplar de cada especie animal de las que habitan en el imperio de mi padre, pero el unicornio será la atracción más apreciada.

Lian creía que el unicornio estaría mucho

mejor en la pradera que en un zoo. Volvió a decirle a la criatura cuánto lo sentía.

—Estás haciendo el tonto —dijo bruscamente el príncipe mientras sus hombres salían de sus escondites entre los árboles y se reunían alrededor de él.

—¡Bien hecho! —le felicitaron, un cumplido que Lian no creía que se mereciese.

Entonces, el príncipe intentó marcharse, pero el unicornio no se levantaba, por más fuerte que tirara el príncipe de la cuerda.

—Majestad, permitidme —se inclinó Lian cuando vio que el príncipe no se daría por vencido y el unicornio podría lastimarse.

El unicornio se puso de pie cuando ella cogió la cuerda. Mientras lo llevaba por el bosque hacia el palacio, Lian pensaba en el príncipe. Ahora que lo conocía, estaba muy desilusionada.

El príncipe estaba tan encantado con el unicornio que dio tres piezas de oro a la familia de Lian. Con esto y con lo que habían ido ahorrando, sus padres consiguieron lo suficiente para retirarse de las cocinas imperiales y comprar una casa de té cerca del palacio.

—Tienes que visitar el palacio todos los días —ordenó el príncipe a Lian. Ella se daba cuenta de que no quería que le visitara a él: sólo la quería allí para domesticar al unicornio.

Día tras día, Lian caminaba desde la casa de té al palacio. Día tras día, contemplaba cómo el príncipe uncía al unicornio a un carro especialmente diseñado para que él lo condujera de modo que la gente de todo el país pudiera admirarle y se quedara boquiabierta con su unicornio. Día tras día, ella iba enojándose cada vez más.

Un día, el príncipe salió después del atardecer. Desde las sombras, Lian vio que el unicornio estaba cubierto de barro y apenas podía andar. Cuando el príncipe desenganchó el carro y llevó al unicornio, fatigado, a su establo, Lian pensó: «los unicornios son el símbolo de la sabiduría; este príncipe es tonto».

Una vez que el mozo de cuadra encerró al unicornio en su establo y devolvió la llave al príncipe, Lian salió y se quedó ante la puerta. En cuanto la vio, el unicornio levantó pesadamente la cabeza y la miró.

Lian sabía lo que tenía que hacer. Trepó el muro. Era demasiado alto para que lo saltase un caballo, pero como todo el mundo sabe, un unicornio es muy distinto de un caballo.

Saltó dentro del establo y el unicornio inmediatamente fue a saludarla.

—Pobre criatura —dijo Lian—. He venido a rescatarte.

El unicornio miró hacia la puerta. «Quizá pueda entenderme», pensó. Pero cuando dijo: «No tengo la llave, tendrás que saltar el muro», el unicornio no pareció comprender. No miraba el muro, sólo la miraba a ella.

Lian cogió suavemente la cabeza del unicornio en sus manos y la giró en dirección al muro.

—Salta —le dijo haciendo movimientos para espantarle.

En vez de hacerle caso, se puso de rodillas y le acarició la pierna con el hocico.

¿La estaba invitando a montar a su grupa? Como era una cocinera, Lian nunca había montado a caballo. Sin embargo, se subió a lomos del unicornio, se agarró con fuerza a su cuello.

—¡Lista! —le susurró al oído.

Con cuidado, el unicornio se levantó sobre sus patas y lentamente dio la vuelta al establo para permitir a Lian que se acostumbrase a su paso. Dio vueltas cada vez más rápidas. De repente, estaban galopando a toda velocidad hacia el muro. Lian se agarró bien y cerró los ojos. De pronto, despegaron del suelo, volando por encima del muro. Tras lo que pareció un tiempo muy largo, tomaron tierra, corriendo aún un trecho, y poco a poco se pararon. Estaban al otro lado. Lian pensó que se dirigirían al bosque. Sin embargo, el unicornio dio la vuelta a la parte trasera del palacio hacia las jaulas y establos más pequeños, donde el príncipe guardaba los animales que había capturado durante la construcción de su zoo.

«Por supuesto —pensó Lian—, también tienen que ser rescatados.» Cuando el unicornio se aproximó a la jaula más cercana, Lian se agachó y descorrió el cerrojo. Las jaulas no estaban cerradas con llave porque al príncipe no le preocupaba que alguien robase animales corrientes. El unicornio la fue llevando por todo el patio, mientras ella se agachaba para descorrer los cerrojos y abrir todas las jaulas. Liberó a un panda, tres musarañas, un tigre, un zorro, una cabra y tres especies distintas de monos. En vez de salir corriendo, los animales se quedaron esperando a que terminase de abrir el resto de las jaulas.

Una vez que Lian dejó libres a todos los animales, el unicornio les señaló las lindes del bosque. Ni siquiera los pájaros se alejaban mucho, sino que volaban en círculos para ir al mismo paso que el conejo, que se distraía fácilmente. Sólo cuando estuvieron al abrigo del bosque, los animales se dispersaron en silencio.

Lian se bajó del unicornio y le dio un abrazo. Éste mantuvo la cabeza contra su hombro.

—Ha sido un paseo maravilloso. Pero tie-

nes que irte. Como todo el mundo sabe, los unicornios deben ser libres.

El unicornio la miró por última vez con sus preciosos ojos color de jade, se dio la vuelta y desapareció en la oscuridad entre los árboles.

Nadie sospechó nunca de que Lian, la hija del dueño de la casa de té, hubiera ayudado a escapar a los animales del zoo imperial. Al fin y al cabo, la puerta del establo del unicornio permanecía cerrada y entre las jaulas abiertas del zoo sólo se veían las huellas del unicornio. Estaba claro que el culpable era el unicornio mágico. Todo el mundo echó la culpa al príncipe por haber tenido al unicornio apartado todo el día y lejos de Lian. Ellos creían que su efecto domesticador había desaparecido.

El príncipe, que, como el conejo, se distraía con facilidad, nunca reemprendió el trabajo en su zoo.

Y no parecía que nadie se diese cuenta de que en el rocío del amanecer a veces se podían ver huellas de unicornio entre la casa nueva de té y el bosque. Algunas huellas eran ligeras, como suelen ser habitualmente las huellas de unicornio, pero algunas eran más profundas, más pesadas, como si el unicornio llevara un jinete.

Pero, como todo el mundo sabe, nadie puede cabalgar un unicornio...

Índice

INTRODUCCIÓN 7

EL AYUDANTE DEL HADA MADRINA
Una historia original de Bruce Lansky 13

EL CUENCO DE LA ABUELA ROSA
Adaptado por Bruce Lansky a partir de un cuento de los hermanos Grimm 31

POR AMOR A SUNNY
Una historia original de Vivian Vande Velde 37

CARLA Y EL COMERCIANTE CODICIOSO
Adaptado por Robert Scotellaro de un cuento popular 51

LOS COCHINILLOS DE SAVANNAH
Adaptado por Sheryl L. Nelms de un cuento popular 59

KIMI SE ENCUENTRA CON EL OGRO
Una historia original de Linda Cave 75

La hija sabia del posadero
Reescrita por Peninnah Schram a partir de un cuento popular ruso 91

Reales Justas
Una historia original de Bruce Lansky 101

Las mil y una noches de Chardae
Adaptación de Craig Hansen de la historia de Scherezade de Las mil y una noches 115

Lian y el unicornio
Una historia original de Vivian Vande Velde 133

Escribieron y dibujaron…

Antología a cargo de Bruce Lansky

151

Bruce Lansky vive cerca de un bonito lago en Minnesota, tiene dos hijos y actualmente todo su trabajo se desarrolla en torno a la literatura infantil. Ha escrito numerosos libros de poemas para niños. ¿Cómo empezó su carrera dentro de este campo?
—Me divierte mucho escribir historias y poemas para niños, también me gusta actuar y hacer representaciones en los colegios y talleres literarios. Antes me dedicaba a escribir para adultos y hacía libros personalizados.

—*¿Nos podría contar algo de los autores o adaptadores de los relatos de este libro?*
—Es difícil sintetizar en pocas palabras la labor de todas estas personas que, ya sea como obra original o bien como adaptación, han sabido plasmar con fuerza los sentimientos y la problemática de la infancia.

Todos son autores muy estrechamente vinculados con el mundo de la educación. Por ejemplo, Linda Cave ha escrito poemas e historias para numerosos programas de educación; Craig Hansen ha recibido el premio de Escritura Creativa de la Universidad del Estado de Mankato; Peninnah Schram es cuentacuentos y profesora asociada de teatro en la Escuela Stern de la Universidad de Yeshiva, además de fundadora y directora del Centro Judío de Cuentacuentos de Nueva York...

—*¿Qué ha supuesto para usted la recopilación de estos relatos?*

—Creo que este libro, aparte de su calidad literaria, pone de manifiesto la igualdad entre chicos y chicas, resaltando sobre todo las cualidades de las niñas, relegadas a un segundo plano por situaciones sociales injustas. Es importante, también, cómo en todos los relatos los protagonistas han de resolver su problema con sus propios medios, lejos ya de la magia o poder maravilloso que caracteriza la fantasía de la primera infancia.

Federico Delicado

—*¿Cuáles fueron sus inicios en la ilustración de libros?*

—A finales de los setenta, mientras estudiaba Bellas Artes, trabajé en una pequeña editorial de libros infantiles. Ilustré un texto de María Puncel, de quien guardo un grato recuerdo. Desde entonces me dedico a esto del dibujo y sus alegrías.

—*En la actualidad colabora en prensa. ¿La síntesis que exige este trabajo le facilita la elaboración de la ilustración de libros?*

—Toda ilustración es síntesis, de lo contrario estaría de más; nos bastaría con las imágenes que evoca el propio texto para pintar sus luces y sus sombras. No es función de la ilustración adornar, embellecer, completar o enriquecer el lenguaje escrito, sino extraer de él un pretexto compatible con el lenguaje del dibujo.

Esto es igual de válido para la ilustración de libros o artículos periodísticos.

—*¿Qué aspectos de los cuentos le han parecido más interesantes para basar en ellos sus ilustraciones?*

—En *Chicas al rescate,* todas las historias me resultan interesantes. El protagonismo corresponde a las chicas, que, como vemos en la vida ordinaria, saben llevar las riendas de cualquier situación.

OTROS TÍTULOS PUBLICADOS
A partir de 10 años

Operación Yogur
Juan Carlos Eguillor

A María y a sus amigos les gusta comer pies de goma negra, manos blandas, esqueletos azules y corazones de azúcar. Un día encuentran un yogur parlanchín...

La casa del árbol
Bianca Pitzorno

¿Sabes qué les sucederá a dos chicas que, cansadas de su piso de la ciudad, eligen la copa de un árbol para vivir? Allí construirán una casa para recibir amigos y celebrar fiestas.

Una nariz muy larga
Lukas Hartmann

Durante unas vacaciones, Lena y Pit se alejan de la playa y caminan hasta la entrada de una cueva. Allí se encuentran con un personaje vestido con una túnica y que oculta su cara con las manos...

La bolsa o la vida
Hazel Townson

Ante la posibilidad de que se produzcan catástrofes, Colin suele llevar consigo una bolsa con los utensilios imprescindibles para una situación de emergencia. No obstante, cuando se produce la alarma en la Central de Energía Atómica, él no dispone de su bolsa pero su altruísmo es decisivo en el desenlace...

Las raíces del mar
Fernando Alonso

Si la ciudad de Siburgo se encuentra a trescientos kilómetros del mar, ¿cómo es posible que exista la tradición entre los jóvenes de ir a navegar y surcar los siete mares? La clave del secreto está nada menos que en la biblioteca, adonde acuden Mar y Ramón...

Los caminos de la Luna
Juan Farias

Quien logra disfrutar de las cosas sencillas nunca llega a aburrirse. Es lo que le ocurre a Juan el Viejo, que transmite a su nieta Maroliña la sabiduría de su larga experiencia.

Alas de mosca para Ángel
Fina Casalderrey

Estrella, una nueva alumna de sexto de Primaria, produce ciertas incomodidades debido al cuidado especial que requiere. Pero su reacción ante la noticia de un secuestro demostrará que, por encima de las diferencias de ideas o capacidades, lo más importante es tener un gran corazón.

Clorofila del cielo azul
Bianca Pitzorno

¿Qué sucedería si de pronto nuestra ciudad se convirtiera en una especie de selva maravillosa? Un famoso botánico, miembro de la Asociación de los Enemigos de los Niños, Perros, Gatos y Otros Animales, recibe la visita inesperada de dos supuestos sobrinos suyos y de Clorofila, una pequeña extraterrestre vegetal. Hacer frente a esta situación no será fácil pero merecerá la pena...

OTROS TÍTULOS PUBLICADOS
A partir de 12 años

Las horas largas
Concha López Narváez

Como cada año, los pastores inician su viaje: hay que conducir más de mil ovejas desde las sierras de Burgos a tierras de Extremadura. Martín es un zagal decidido a recorrer los caminos de la Mesta.

La mirada oscura
Joan Manuel Gisbert

Hace años, la extraña conducta del granjero Eugenio Aceves le convirtió en el principal sospechoso de dos asesinatos y tuvo que huir del pueblo. Pero ahora, el enigmático personaje ha vuelto y Regina, la protagonista, teme por la vida de su padre, empleado de la granja.

Tiempo de nubes negras
Manuel L. Alonso

Un día en que Manolo se encuentra solo en casa descubre unas esposas que su padre ocultaba y se pone a jugar con ellas. Cuando quiere quitárselas se da cuenta de que no tiene la llave.

Cuando los gatos se sienten tan solos
Mariasun Landa

La mejor compañía para Maider es su gata Ofelia. Junto a ella es más fácil sobrellevar ciertas contrariedades familiares. Por eso, el día en que la gata se escapa del caserío, Maider sale en su busca sin importarle el riesgo.

El pazo vacío
Xavier P. Docampo

A Nicolás le aburre la escuela pero se lo pasa fenomenal con su tío Delio, que es relojero y vive en un viejo vagón de tren. La gran aventura comienza cuando descubren, en el doble fondo de un reloj antiguo, unas cartas comprometedoras y deciden investigar en un pazo deshabitado, donde parece ser que se halla la clave del misterio.

Cuaderno de agosto
Alice Vieira

En el diario que escribe Gloria durante unas vacaciones de agosto intercala algunos capítulos de una novela rosa que está escribiendo su madre, que trae en jaque a toda la familia. Las afinidades entre «personajes» y «personas» muestran a las claras hasta qué punto es el afecto el auténtico motor de la vida cotidiana...